拆掉思维里看不见的墙

思考の枠を超える

〔日〕篠原信——著
龙燕青——译

中国水利水电出版社
www.waterpub.com.cn
·北京·

内 容 提 要

每个人的思维里都有一道看不见的墙，它限制了我们能力的发挥。本书介绍了识别、操纵和实践思维局限的方法，帮助读者拆掉思维里的墙，掌握灵活思考的方法，顺利解决各种棘手问题。

图书在版编目（CIP）数据

拆掉思维里看不见的墙 /（日）筱原信著 ；龙燕青译. -- 北京 ：中国水利水电出版社，2022.1（2022.3重印）
ISBN 978-7-5226-0322-3

Ⅰ. ①拆… Ⅱ. ①筱… ②龙… Ⅲ. ①思维方法－通俗读物 Ⅳ. ①B804-49

中国版本图书馆CIP数据核字(2021)第263755号

SHIKO NO WAKU WO KOERU
by Makoto Shinohara

Original Japanese language edition published by Nippon Jitsugyo Publishing Co., Ltd.
Simplified Chinese translation rights arranged with Nippon Jitsugyo Publishing Co., Ltd.
through Lanka Creative Partners co., Ltd. (Japan). and Rightol Media Limited.(China).

北京市版权局著作权合同登记号：图字 01-2021-5767

书　　名	拆掉思维里看不见的墙 CHAIDIAO SIWEI LI KANBUJIAN DE QIANG
作　　者	［日］筱原信　著　　龙燕青　译
出版发行	中国水利水电出版社 （北京市海淀区玉渊潭南路1号D座　100038） 网址：www.waterpub.com.cn E-mail：sales@waterpub.com.cn 电话：（010）68367658（营销中心）
经　　售	北京科水图书销售中心（零售） 电话：（010）88383994、63202643、68545874 全国各地新华书店和相关出版物销售网点
排　　版	北京水利万物传媒有限公司
印　　刷	天津旭非印刷有限公司
规　　格	130mm×185mm　32开本　7.5印张　100千字
版　　次	2022年1月第1版　2022年3月第2次印刷
定　　价	49.80元

前言

日常生活中，我们常会有诸如“太突然了，没反应过来”“太意外了，没反应过来”这样的体验。当我们心中对事物的发展进程有所预判，而真正的进展却与预想的情况不一样时，我们便会陷入一种不知所措的状态。一时间，思维无法及时跟上，进而陷入不知该做何反应的恐慌之中。

当上司或顾客对我们提出意料之外的问题时，当丈夫或妻子的反应让我们十分惊讶时，当孩子不听话时……

我们往往会在上述情景发生后的瞬间，陷入不知所措的混乱状态。

这与味觉等五官感觉有时的反应一样，看起来很甜的东西结果吃起来却是一股酱油味，明明以为很辣的菜却非常甜。这种与预想不一致的味道，即使本身很美妙，也会让人产生一种很难吃的感觉。

重量也是如此。明明感觉应该很重，实际上却异常轻；相反，明明感觉应该很轻，实际上却重得令人腰疼。

人们在行动之前都会下意识地对事物的发展进行预判，似乎是为了让五官、肌肉、思维等提前做好准备。然而，一旦事态发展与预期不符，便很容易陷入一时反应不过来的状态。这种有点儿恐慌的感觉，让我们的思维、感觉、身体一时无法做出正常的反应。

我们将这种事前预判称作“思维局限”。“思维局限”一词，日文写作“思惑”。“思惑”二字，可以说非常耐人寻味，我们能够从中品悟出那种与预判不同的时候的不知所措的感觉。在着手行动时，我们总会下意识地陷入思维局限。然后，当事态的发展超出这个局限时，我们便陷入不知所措的状态。这完全就是“思惑”这两个字字面本身传达出的意味。这样解释，就能体会到“思惑”二字多么传神了。

我的朋友都知道我是一个随机应变能力很差、不太机灵的人，我不太能够适应情况的变化，也就是俗称的“没有眼力见儿”的人。因此，即使感觉到事物的发展与所想不同，我也常会硬着头皮按照当初的预判行动。

高中时，社团组织跑步，大家即使碰上放学的人流也会灵活穿过通行。只有我一个人在人流前止步，在人流散去后迅速猛进、追赶队伍，然后在碰上新的人流时又止步。

即便作为这样一个不知变通的人，说实话，我心底还是很羡慕那些善于随机应变的人。为什么他们面临突发状况时就能从容应对呢?

而我却总是在事态发展与所想不同时变得不知所措，并且往往事后又陷入“要是当时那样做就好了”的后悔情绪中。好羡慕那些机灵的人，像我这般笨拙的人只要稍微靠近他们，就会发出“究竟怎么做才能

有所提高呢”的疑惑。这也正是我一直都在思考的。

不同于我这般生性好强却又十分笨拙的人，那些未能参悟机灵的门道且生性怯懦之人也不在少数。他们每当因不够机灵而出错时，便只好一个劲儿地道歉。这些人静下心来时，恐怕也会黯然神伤：“为什么我就这么笨呢？”

对于这些不机灵的人而言，他们所面临的未来形势也将非常严峻。现在总是充斥着这样的声音：“人工智能将取代人类的工作。”“想要生存下去就必须具备独创性和批判性思维，也就是能够灵活地发挥思维能动性的能力。”

这难道不是给本就不甚机敏的我们出难题吗？就像是对一个明明不机灵的人说“给我机灵点儿”一样过分。要是能做到的话，一开始不就不用吃苦了吗？在人工智能时代，需要能够灵活思考和具备批判性思维的人，这句话的言外之意大概就是“我们不需要不够机灵的人，所以放弃吧”。我想，应该不止我一个人有这种感觉吧。

针对创造性，我曾在之前的作品《平凡之人如何培养创造力》[1]中做过详细介绍。然而，对于不机灵的人而言，在灵活发散思维的阶段就已受阻，不将此问题克服，又何谈前进呢？

我马上就要迈入50岁这一人生新阶段了。究竟是何原因决定了人的机灵与否呢？我一直致力于将自己的所感以文字的方式记录下来。最后发现，关键就在于思维局限，不机灵的人往往囿于思维的局限之中，只要意识到这一点，就能设法做出一些改进。

思维局限在我们的日常生活中无处不在，书中除了介绍商务场合的案例，还会介绍一些小孩子的故事。希望本书能够为您的日常生活带来助力。

---

❶ 原书名为《ひらめかない人のためのイノベーションの技法》。

目录

第三章　看见思维里的墙

第四章　构建你的“破界思维”

第五章 用“破界思维”改善生活

第一章

思维里看不见的墙

思维局限究竟是如何作用于我们这种思维不灵活的人的呢?为了更深入地思考这个问题,我们首先从不善于随机应变的人更容易被思维局限支配这一点入手分析。

人为什么会被思维局限支配

不善于随机应变的人到底为什么会不善于随机应变呢？像我这种不机灵的人，经常会预先制订好计划再行动。在行动前，我会在心中盘算着“如果这样，那就这么做”。如果事情能按计划进行，自然是皆大欢喜（就不必紧张了）；但如果事情进展稍微与预判有所不同，我便会陷入恐慌之中，大脑一片空白，不知如何是好。

紧张的时候，我会一味地焦虑“失败了该怎么办”；如果搞错了顺序，我也会觉得完蛋了，进而自

暴自弃，对什么都不管不顾了。明明想掌控全局，却因实际情况与计划有所出入而陷入慌乱、不知所措的状态。

刻意会导致失败吗

《身心合一的奇迹力量》一书的作者提摩西·加尔韦先生是一名网球教练。有一天，他夸奖自己的学员："你反手击球的进步很大。"随后，这名学员又接连打出了本垒打。然而，当加尔韦教练指导这名学员说"你刚才应该这样击球"后，学生的动作却变得更加僵硬，连本来已经掌握的动作也变得无法做好了。这使加尔韦教练明白：越是教育不机灵的人如何机灵，越会导致他们的肢体更加僵硬，结果往往是事与愿违。

另一天，加尔韦教练改变了话术，他让这名学员击球时"像看慢镜头一样盯死网球的接缝处"，这样一来，学员又打出了漂亮的反手击球。虽然他没有在动作上给予任何指导，却意外地使学员的能力有所精进。这是因为，加尔韦教练将学员的意识从击打姿势转移到了网球的球体本身上。

不机灵的人总是刻意地关注自己的身体活动，然而，越是刻意关注动作，反而越会使动作变得僵硬。因此，加尔韦教练就通过让学生关注网球的接缝处，从而将他们的注意力从身体动作上转移开来。这样一来，身体活动就摆脱了意识的支配，能够顺畅地活动了。

加尔韦教练认为，我们的身体中包含着两个自我："自我1"和"自我2"。这便是心理学上的意识和潜意识。意识总是在给我们下命令，它有着极强的支配欲，而且是带有攻击性的。当意识驱动肢体，命令其"往这边转"时，这个潜伏在我们心底的声音就会使我们的心情变得紧张，动作也会因此变得僵硬。而这又会进一步加剧意识的命令、进攻和谩骂，它不停地告诉我们："做得不对！笨蛋！说了多少遍不是那样的，应

该这样做！这样做！”可以说，意识十分喜欢支配、否定和攻击。

正因为如此，加尔韦教练就让学员在击球时将目光聚焦在网球的接缝处，当意识高度集中于此，便忘记了对身体的支配。这样一来，意识便会将身体的操纵权转交到潜意识手中，得以灵活地运动身体，继而通过反复尝试，找到将球击入对方球场的合适力度。

加尔韦教练认为，不灵活的人之所以不灵活正是被“意识”支配了身体和思维。于是他尝试了这样的方法，也就是利用“意识”非常容易被“视线”所影响的特点，将视线转移到其他事物上，同时把对身体和思维的操纵权让渡给“潜意识”。

不善于随机应变的人由于想要做好的意识太强，总是倾向于将身体和思维的操纵权交给意识。然而，意识却总是指挥我们做这做那，还会怒吼“做错

了”，指责“说过这不对吧？笨蛋”。实际上，意识对身体和思维的操纵非常拙劣。不善于随机应变的人就像是心中住着一个爱挑刺且支配欲极强的老师一样。

如果让意识关注身体和思维以外的东西，将身心的操纵权让渡给潜意识，那么潜意识实则能够巧妙地运用操纵权，出色地完成任务，这是不言而喻的。看到飘着热气的茶，能够立刻判断出“这杯茶应该很烫”，继而在端茶时足够慎重。诸如这种瞬时判断的工作，就是由潜意识负责的。

潜意识还能瞬时判断出行李的重量，并做出适当的准备。

最近，根据人工智能的进一步研究发现，人体潜意识做出的判断和指令实际上非常精妙。

也就是说，不机灵的人之所以不机灵，正是因为他们的意识过于强大，且他们总是将身体和思维的操纵权交给意识，但意识并不擅长这项工作，意识的不灵活就导致了失败的发生。意识很擅长挑刺儿，指责

身体“笨死了”倒是拿手活儿，而这会让身体变得越发僵硬。与此不同，机灵的人基本不用意识操纵身体，而是将这项任务委托给潜意识，因此，身体就能自如活动。

不懂变通的人

想太多
将身体和思维交由意识操纵

能随机应变的人

不过分关注身体活动
将身体交由潜意识操纵

图 1　不懂变通的人与能随机应变的人之间的差异

不懂变通的人属于“意识侧重型”，善于随机应变的人属于会将身体和思维的操纵权委托给潜意识的“潜意识信赖型”。这样想来，不机灵这种现象的根源便显现出来了，即不机灵正是囿于“必须要由意识操纵”这种思维局限的结果。

小结

- 不懂变通的人属于“意识侧重型”。
- 善于随机应变的人属于“潜意识信赖型”。

潜意识：
让身体行动更灵活

不机灵的人不太信任潜意识，他们总是倾向于将一切都委托给意识去操纵。我本人也是如此。促使我从这种状态中改变的，是中国古籍《庄子》中的一则故事。

庖丁解牛

有一个名叫丁的厨师替梁惠王宰牛，手所接触的地方，肩所靠着的地方，脚所踩着的地方，膝所顶着的地方，都发出皮骨相离声，刀子刺进去时响声更大，这些声音没有不合乎音律的。

梁惠王说：“嘻！好啊！你的技术怎么会高明到这种程度呢？”

庖丁放下刀子回答说：“臣下所探究的是事物的规律，这已经超过了对于宰牛技术的追求。宰牛的时候，臣下只是用精神去接触牛的身体就可以了，而不必用眼睛去看，就像视觉停止活动了而全凭精神意愿在活动。顺着牛体的肌理结构，劈开筋骨间大的空隙，沿着骨节间的空穴使刀，都是依顺着牛体本来的结构。宰牛的刀从来没有碰过经络相连的地方、紧附在骨头上的肌肉和肌肉聚结的地方，更何况股部的大骨呢？技术高明的厨工每年换一把刀，是因为他们用刀子去割肉。技术一般的厨工每月换一把刀，是因为他们用刀子去砍骨头。臣下的这把刀已用了十九年了，宰牛数千头，而刀口却像刚从磨刀石上磨出来的一样。牛身上的骨节是有空隙的，可是刀刃却并不厚，用这样薄的刀刃刺入有空隙的骨节，那么在运转刀刃时一定宽绰而有余地了，因此，

用了十九年的刀刃仍像刚从磨刀石上磨出来一样。虽然如此，可是每当碰上筋骨交错的地方，我一见那里难以下刀，就十分谨慎而小心翼翼，目光集中，动作放慢。刀子轻轻地动一下，哗啦一声，骨肉就已经分离，像一堆泥土散落在地上了。”

这个故事让我注意到：意识和潜意识，二者所擅长的领域是不同的。意识更加擅长观察和表达；潜意识更加擅长对身心的操纵。

前文已经介绍过加尔韦教练的高见，即意识虽然极力地想抓住主导权，但它对身体和思维的控制非常拙劣，不但拙劣，还热衷于批评；而潜意识虽然能够很好地完成操纵身体和思维的任务，但并不善于表达。机灵的人往往将身体和思维的操纵权交给潜意识，而不机灵的人则因为对潜意识缺乏信任，倾向于让意识去承担这项任务，反而导致身体和思维的僵化。

即使想让意识闭嘴，结果也往往不能如愿。闭上眼睛，希望自己不要有意识，心底却出现这样的意识："不要有意识……"法国哲学家笛卡尔将"即使意图否定思维，思维本身的存在却不可磨灭"这种现象，形象地表达为"我思故我在"。也就是说，想要让意识消停下来，其实非常困难。想要抑制意识，意识却坚守阵地。对于不机灵的人而言，意识完全如同一个支配欲极强且一刻不消停的上司一般。

对于这些正发愁的不机灵之人而言，庖丁解牛的故事可谓一剂良药。因为即使无法做到让意识沉默，转移视线并不是什么难事。

庖丁正是让意识集中于对筋骨脉络的观察上，避开意识对如何行动、如何下刀这种身体活动的关注，这与加尔韦教练让学员的意识集中于观察网球的球缝，从而将身体的操纵权让渡给潜意识的做法有着异曲同工之妙。

意识似乎总是容易被视线所牵引。意识聚焦在双眼所见之处，自然对其他事情就会松懈下来。意识一

旦松懈，潜意识便自然获得了对身心的操纵权，并出色地完成任务。

意识在同一时间只能集中做一件事情，虽然在集中的这件事情上会发挥出惊人的观察力，但也会疏于对其他事情的关注。对于身体的操纵，小到指尖、手肘、肩膀，大到躯干的扭动等，需要非常多的要素同时发挥作用才能实现。然而，意识却只能关注一件事情……

NHK的教育节目《啊！设计》的栏目《没在思考》中，播放过穿开衫时胳膊穿过袖子的慢镜头影像。影像中全都是单纯的动作，从指尖、手腕到胳膊，将肢体各部分需要如何配合、如何活动展现得淋漓尽致。真是令人感慨，原来这种复杂的动作一直以来都是由潜意识熟练地操纵的啊！

其实，这种复杂的活动对人工智能、机器人来说都还十分困难。在一场机器人大赛中，甚至没有一台机器人能够完成开门、进屋的动作。对机器人来说，要在不撞到打开的门的同时将身体滑入，并在门关上前进入室内，完成这一连串复杂的动作，实际上非常困难。

而人类却在孩提时候就已经掌握了这种高难度动作。一种可能的原因是，人类将对身体和思维的操纵权都委托给了潜意识。

认为自己不够机灵的人，不妨试着将身体和思维的操纵权交给潜意识。虽然意识总是会想马上夺走操纵权，但此时只要让意识观察其他东西，不再关注自己的身体和思维就好。接下来需要做的，就是相信潜意识会出色地完成任务。这样一来，也许一开始并不顺利，但随着潜意识不断试错，定会找到操纵方法，身体和思维也就能变得灵活。

视线回避法：
让思维回归灵活状态

不机灵的人往往都很认真，他们经常容易陷入深深的苦恼之中，以至于其他任何事情都不想干。这里介绍一种利用意识容易被视线牵引的特点，从而使思维恢复灵活的方法。为了介绍这种方法，首先我们要厘清苦恼与视线之间的关系，这里以PTSD（创伤后应激障碍）为例简要阐述。

PTSD是指，因偶然的原因想起与心理创伤有关的记忆，继而陷入恐慌，导致日常生活出现障碍的症状。

一直以来的治疗方法是，让患者直面过去的痛苦记忆，慢慢地战胜自己的心理创伤（认知行动疗法）。然而，一旦患者出现过呼吸症[1]等慌乱的症状，治疗就很难顺利进行下去了。

后来，人们研究出一种简单又有效的治疗方法——EMDR疗法，即让患者的目光追随着左右运动的光点或医生左右晃动的手指，同时唤起对过往的记忆。让人意外的是，这种治疗方法不容易引起患者的恐慌，能够让他们顺利地恢复到平静的日常生活状态。

为什么这种方法能避免让患者陷入恐慌状态，冷静地接受曾经痛苦的回忆呢？目前似乎还没有非常明确、权威的解释。我觉得，这也许正是因为意识容易被视线牵引所致。当然，这只是我的猜测。

陷入深深烦恼之中的人，会反复地对同一件事表现出后悔的情绪。“要是当时那样做的话就好了。”“但

[1] 过呼吸症，全称“过度呼吸症候群”或“过度换气症候群”（Hyperventilation syndrome），是指个体因自主性的过度快速呼吸，导致血中二氧化碳分压（pCO_2）下降，造成脑部血管收缩，血流阻力增加，进而导致脑部血流减少，造成脑部缺氧的症状，如眩晕、眼花、心跳加快、瞳孔扩张、脸色苍白、冒冷汗等。

那时是因为那个人这样说，我才这样做的。”“但是明明也可以不听他的呀。”“不，当时我实在没办法考虑那么多了。”“即便如此，就没有其他方法了吗？”……像这样，对一件事情反复地，数十遍、数百遍地来回想着、后悔着……

据说，我们的大脑如果被同样的的信息来回刺激，那么传递这一信息的神经纤维就会变得粗壮，而不被使用的神经纤维就会被切断。也就是说，反复地烦恼使得传递烦恼的神经纤维变得越来越粗壮，而传递烦恼以外的思绪的神经纤维则渐渐被切断。这样一来，一连串有关烦恼的脑回路就形成了一个“苦恼循环”，快速地运转起来。

由于有关烦恼以外的事物的思维非常弱小，因此，一旦因偶然的契机想到过去的事情，脑循环就会像车轮旋转一般开始运作，并陷入其中难以抽身。像这样，人会不断地因同一件事情反复陷入无尽的烦闷之中。如果脑循环因运作过快而陷入失控状态，那么突发过呼吸症或者突然发出怪异的声音也就不奇怪了。

EMDR疗法高明的地方就在于，通过让视线追随运动的光或手指，使意识被视线所牵引，很难继续烦恼下去。在回答医生的问题时，催生出各种各样的思维，进而产生诸多脱离“苦恼循环”的其他轨道。终于，“苦恼循环”的神经纤维慢慢地变细，不再引起恐慌。

据说“视线回避法”对于治疗慢性病也很有效。其中，国际上广泛推广“剪贴板疗法”。

医生将一块写着“疼痛”的剪贴板展示给因慢性病的剧痛导致生活不便的患者，并告诉他：“将这块剪贴板想象成疼痛，并使劲儿推压它。”患者想要消除疼痛，便极力地推压这块剪贴板。接着，医生说：“现在我就是这份疼痛，我会推压回去。”然后，医生尽全力将剪贴板往回推压。

“感觉怎么样？”医生问。“太累了，不管我怎么努力，最后还是被推压回来。”医生又问：“那怎么办呢？”“我之前一直都只关注着剪贴板，但在剪贴板之外，还有更广阔的世界啊。”患者回答道。

这个治疗方法让患者意识到自己对病痛的过分关

注，让其明白自己应该停止关注病痛，努力将意识转向其他方面。令人感到不可思议的是，通过这样的做法，病痛真的开始慢慢缓解了。

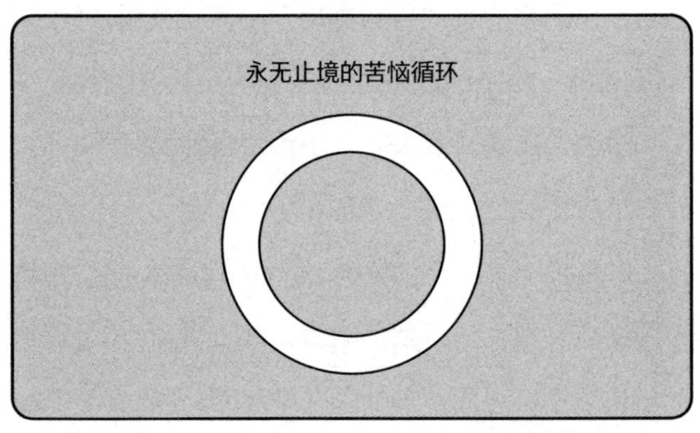

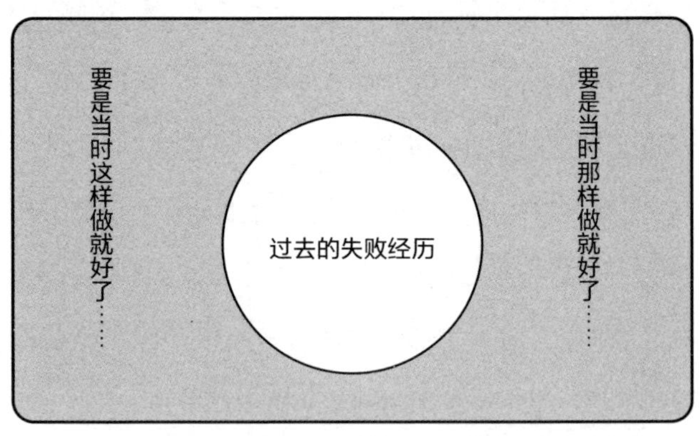

图 2　不机灵的人特别容易陷入“苦恼循环”

患者在接受这种治疗之前，一心只关注着病痛，或许使得感觉疼痛的神经纤维越来越粗壮，而其他的神经纤维则日渐衰弱。这样一来，患者越是关注疼痛，对疼痛的感知就愈发强烈，最终形成了恶性循环。然而，一旦将视线转移开来，不去关注疼痛，那么感受疼痛的神经纤维就会渐渐变细，而其他思维的神经纤维则呈网状扩展开来，疼痛只成为诸多刺激中的一个，患者便渐渐不再关注它。当然，以上所说还仅仅是一种猜测。

我有时会留意自己是不是一直垂着头，因为心烦的时候自己多半是垂着头的，一心只关注着烦恼。如果从侧面看一个有烦心事的人，就会发现，他虽然睁着眼睛，但视线只注视着烦恼本身，就像是被烦恼附体了一般。

人们经常说，越是苦恼，越要昂首向前走。但实际上，烦闷的人总是一副垂头丧气的样子。不可思议的是，如果能做到“昂首”，想要只关注烦恼反而成了一件难事。毕竟，昂首时，眼睛会不自觉地观察上

方的东西，受此影响，就难以继续心无旁骛地只关注着烦恼了。

没想到，“昂首向前走”并非只是一个简简单单的修辞语。想要从意识的束缚中获得解放，一个有效的方法就是“视线回避法”，也就是尽量做到让目光追随某个具体的事物，紧盯运动着的东西。另外，相较于直视前方，仰视可能更加有效。

小结

· 对一件事情反复地纠结、烦恼，就会陷入“苦恼循环”，思维也很难再关注其他事物。

· 停止垂头丧气地只盯着烦恼打转，看一些具体的运动着的事物，或者向上看，让视线运动起来，而不是只关注着烦恼。这样一来，思维就能恢复到原来的灵活状态了。

第二章 四种常见的思维局限

前言中已经提到，我们在采取行动时，会下意识地预判接下来会发生什么。如果事态发展与预期一致，则内心笃定；如果事态发展与预期相左，就会感到困惑，一时间陷入恐慌之中。这便是“思惑”这个词本身传达出的意思。

本书把采取行动前在心中拟定的思考框架称为“思维局限”，并对其进行分析，以寻求应对之策。

这里所讲的思维局限，既有类似瞬间行动中极其短暂的思维局限，也有从出生开始，甚至直到死亡为止，一直在支配着我们的思维局限。

我们需要明白，思维局限是多种多样、大小不一的，既有大到让我们难以察觉的宏伟远大型的思维局限，也有小到在生活中触手可及型的思维局限。下面我将对这两种类型进行分析。

宏伟远大型：难以察觉，却足以改变世界

《人类简史》（尤瓦尔·赫拉利著）是最受欢迎的畅销书之一，作者在书中阐述了一个很有趣的现象：人类是一种能够共享虚构的生物。

赫拉利认为，人类创造的最大的虚构之物就是金钱。1万日元的纸币，说白了，不过是一张纸片，却能够用其交换松茸和鲷鱼，这简直不可思议。人们都对此深信不疑，没有人会站出来说："骗子！我是不会相信你的！"人类正是这种能够共同信奉某种观念的生物。

正因为人们相信虚构的法律、社会组织、金钱，社会才得以顺利地运转，人们也才能够正常地生活。70亿之多的人类能够井然有序地利用社会资源，也正是得益于人类拥有能够共享虚构的特殊能力。

这种宏伟远大型思维局限，就如虚构一般。很多情况下，我们终此一生都无法察觉，而且它们基本上也不会发生变化。然而，一旦这种宏伟远大型思维局限发生了改变，也就意味着世界大动荡的到来。

关于宏伟远大型思维局限，大家耳熟能详的应该是天动说❶向地动说❷的转变。

哥白尼最先提出地动说，随着伽利略、开普勒等人研究的推进，人们渐渐接纳了地动说，人们的常识也从“太阳绕着地球转”转变为“地球绕着太阳转”。

向地动说的转变之所以给人们带来了巨大的冲

---

❶ 天动说，是认为地球静止于宇宙的中心，其他天体在其周围旋转的学说。

❷ 地动说，是与天动说相反，认为地球绕着太阳转的学说。

击，是因为它让人们意识到，世界并不是以人类为中心运转的，世界在运转的过程中根本不会在意人类。也就是说，人们对自己的身份定位发生了改变：人类不是世界的主角，而是配角。

在天动说为主流的时代，“世界以人类为中心运转”这种想法（思维局限）很受欢迎，而支配着人类的帝王或宗教就自称为中心的中心。他们将这作为自己行使支配权的理由，被支配的人们自然很容易接受。

然而，当转换到地动说的思维局限时，人们便恍然大悟：世界（宇宙）的运转并非以人类为中心，无论帝王或平民都只不过是偌大世界的一个配角。既然帝王和平民都只不过是这世界的区区配角，那为什么自己还要服从于帝王呢？如此，当权者的权威被撼动，封建社会面临的问题也接踵而来。民主主义兴起的背景，正是伴随着天动说向地动说的推移，使人们的思维局限从“世界以人类为中心，进一步来讲以帝王为中心运转”转向“帝王和平民都只不过是世界的

配角而已”。

全人类共有的思维局限被称为“规范”，一种规范转向另一种规范的过程叫做“范式迁移”。一旦真正发生范式迁移，也就意味着将发生人类史上规模巨大的社会构造变化。

无论是这种规范还是赫拉利所称的虚构，都是我们在日常生活中未曾注意的，像金钱或法律一般在潜意识中接受且共有的思维局限。

触手可及型：支配个人的日常行动

并非所有的思维局限都规模宏大，乃至关系到社会形成，也存在着无数的支配着我们日常生活的触手可及型思维局限。

以育儿为例，人们在育儿的过程中存在着“全母乳喂养”，即哺乳时要完全使用母乳的思维局限。母乳有增强婴儿免疫力的功效，从健康的角度讲确实非常重要，但实际上，很多母亲被“全母乳”的思维局限所束缚，因为自己奶水不足等原因陷入自责，甚至有些母亲还患上了神经官能症。

刚出生的小宝宝每隔3小时就需要一次哺乳，但新生儿一开始并不擅长通过吮吸乳头吃奶，常常吃到一半就累到睡着了。然而，每隔1小时，宝宝又会被饿醒，妈妈们也陷入了极度睡眠不足的状态。患上育儿神经官能症的妈妈越来越多，更别提什么“微笑育儿”了。因此，在这个时间段内，需要做好减压工作。

如果母亲母乳不足，采用母乳和奶粉混合喂养，那么丈夫也能帮上忙，由此可以保障母亲的睡眠，微笑育儿也就有了实现的可能。但很多母亲总是被“应该用全母乳喂养”“如果一直在家，肯定能将家务打理得非常完美”等思维局限所束缚，无法分心做其他事情，这样很有可能会把自己逼得喘不过气来。如果能把上述思维局限转换为“优先微笑育儿”这一新的思维局限，自然就会为实现这一目标研究更多可行的方法。

在企业中也一样存在着例如“既然是领导者，就应该有干劲儿”“必须24小时想着工作”等要求员工克己奉公的思维局限。很多无良企业更是打着“为公司好”的旗号，专门挑选一些只对公司有利的思维局限。

但是要明白，我们是人，我们需要睡眠，需要休息，需要喘息，也需要散心，我们是一旦失去这些就没法保持开心的生物。因此，无论是在育儿期还是身负繁重的任务，都不要忘记歇口气、散散心这些能让我们快乐的事情。正是因为我们必须要养育孩子，必须要辛勤工作，所以才一定要确保有消遣的闲暇，这是我们的首要任务。

“为了孩子奉献一切的母亲”或是“为了公司克己奉公的员工”这样的思维局限，虽然与整个地球相比显得十分渺小，但足以束缚一个人的行动，有时甚至还会威胁到其健康。

在这种情况下，一个有效的方法是，采用新的思维局限，即“保持微笑就好”。如果现有的思维局限会影响到我们的好心情，那不妨放弃拘束，彻底放手。微笑地对待孩子，微笑地工作，这本身也算是一种值得奋斗的目标吧。

无论思维局限的大小、远近，我们总是生活在其中，在此范围内采取行动，我们需要重新认识到这一点。

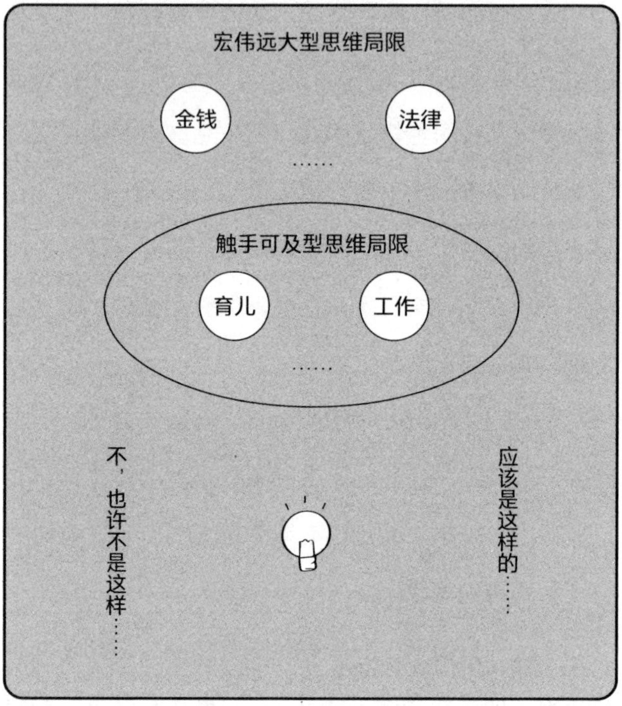

图 3　思维局限分为宏伟远大型和触手可及型

小结

· 人类总在思维局限中思考、行动。

· 重要的不是与思维局限鱼死网破，而是要判断它是否适合你的现状。

助力型：现实与目标之间的桥梁

助力型思维局限能够在现实中遇到的实际困难和目标之间发挥很好的桥梁作用，引导我们采取合适的行动。“再这样下去就糟了！但谁也不知道究竟该如何是好……”这种时候，想要将大家适时地引导到合适的、能够以幸福快乐的方式生活的思维局限之内，这并不是一件容易的事情。下面让我们一起来探寻历史上那些曾经将世界引向助力型思维局限的事例吧。

不得不提的三位名人分别是罗伯特·欧文[1]、亨利·福特、约翰·梅纳德·凯恩斯[2]。

英国工业革命后的一个社会常识是，在支付低廉工资的同时，长时间地使用劳动者的劳动力。但罗伯特·欧文在这种社会背景下做出了相反的实践——缩短劳动者的劳动时间，支付更加高昂的报酬，还像现在的日本生活协同组织[3]一样为劳动者提供高质量的生活用品，由此生产出了世界上品质最好的纱，成功地成为一代商业大亨。但当时，欧文被当成异类看待。

---

❶ 英国空想社会主义者，也是一位企业家、慈善家、人本管理的先驱。他是19世纪初最有成就的企业家之一，他于1800—1828年间在苏格兰自己的几个纺织厂内进行了空前的试验。

❷ 英国经济学家，其所著的《就业、利息和货币通论》一书引起了被称为凯恩斯革命的经济学大变革。他批判了在自由放任经济中依靠市场机制自动地达到充分就业这一旧理论，强调政府投资对实现充分就业所起的作用，认为自由放任经济已完成其使命。他的理论为今日的经济政策带来很大影响。

❸ 由消费者集体出资入股组织起来的专门为成员服务的经济组织，发展共同购买和个人配送等业务，其目的不是营利，而是满足成员的各种消费需求。

亨利·福特在类似于工业革命时期的低工资、长工时的充满压榨的社会背景下，实施了8小时工作制和周末双休、破格给予员工高薪等异常举措。当时，为福特打工的工人，甚至可以买得起当时还是超高级商品的轿车。这样的尝试同样使福特在商界取得了巨大的成功，然而，福特同样饱受当时的企业家们的批判，毫无疑问地被视为异类。

凯恩斯对此二人的“异类”行为给出了理论依据——企业家一直以来都将劳动者视为不得不支付工资的成本性支出，而应当将劳动者视为在取得报酬后反过来购买自己公司商品的客户（消费者）。为工人提供足够的薪水，使他们成为生活富足的消费者，进而购买大量商品，如此一来，企业也会产生更多的盈利，作为企业出资人的企业家也能获取更多的利益。

之后，世界各国陆续采用了此理论，并成功提高了企业的效率和利润。

这称得上是一个完美地转向助力型思维局限的事例。

破坏型：让自己和他人都走向毁灭

破坏型思维局限会将我们自身和他人都引入毁灭的深渊。

日本人常被称为最会察言观色的民族，但根据《氛围研究》的作者山本七平的研究，在明治时期前，如果说日本人是以擅长察言观色为耻的，不如说他们心里更愿意给人泼冷水。的确有非常多的关于明治维新时期人们不会察言观色的故事，那么，日本人又是如何陷入被周围环境所束缚的思维局限中的呢？

我认为，这或许与军队的武力制裁有关。

日本在明治维新以后，要求所有的成年男子都要服兵役，但这些群体本身是连吵架都不喜欢的平民。据说在日俄战争中也出现了很多逃兵，于是，着急上火的军队干部开始推行武力制裁，开始了绝对服从长官命令的军事化训练。在这之后，就需要懂得察言观色，可能就是这样，日本渐渐形成了容易被周围环境支配的国民性。

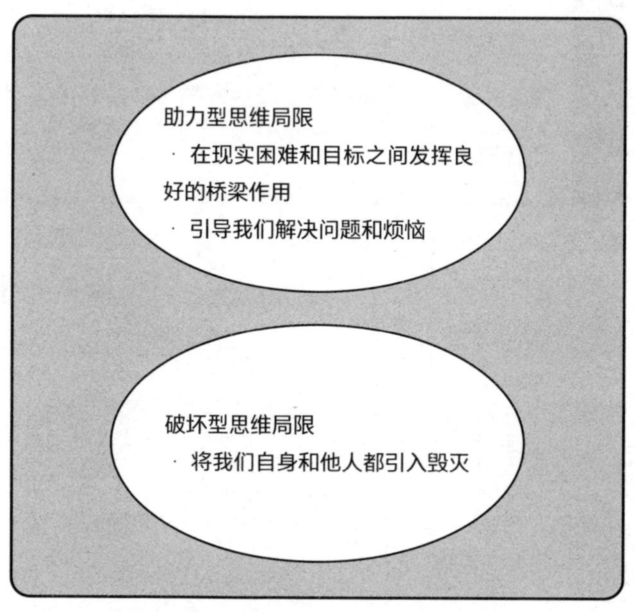

图 4　思维局限存在助力型和破坏型

因察言观色而陷入破坏型思维局限，甚至可能导致以国家为单位的整个集团的毁灭。为此需要前述山本七平提到的泼冷水技术，在我看来，也就是破坏周围环境气氛的技术。本书也将针对这一点进行阐述。

小结

· 通过从将劳动者视为成本性支出，转向将劳动者视为消费者，也就是客户，能够使资本家和劳动者都获得更多利益，是双方都比较容易接受的助力型思维局限。

第二章 看见思维里的墙

如果无法识别思维局限的存在，就无法随心所欲地操纵思维局限。

因此，首要的是思考用何种方法能够注意到自己或周围的人正在采用的思维局限。如果能够准确把握正在采用的是何种思维局限，那么我们自然就能预见在此之后应当采用的思维局限。

那么，如何识别思维局限呢？本书将提供三种方法。

观察：抛开价值标准，看清所有特点

我们总是在不经意之间就采用了思维局限，因此，若非刻意观察，往往无法识别思维局限的存在。无法识别思维局限，就更不用说跳出思维局限了，结果只能是在思维局限的死胡同中打转。因此，最先应该瞄准的，便是找出自己在无意识状态下采用的是何种思维局限。我们先来思考找出思维局限的方法。

笔直地看

据说，在福永光司少年时，面对一棵不管怎

么看都是歪着的树，他的母亲曾经问他:“如何将其看成是笔直的？”但少年福永不管怎么看，这棵树都不是直的，即使绞尽脑汁，最后还是不能成功。后来，母亲便给出了“就单纯地看就行了”的回答，这仿佛是在愚弄人。

少年福永接收到“笔直地看”这个信息，继而产生了“笔直”这一标准（价值标准），并始终在心里保持着这个评判标准。于是，脑中除了“弯曲的”抑或是“笔直的”这些信息之外，再也不能容纳其他东西了。

然而，如果将“笔直”这一价值标准放在一旁，只是单纯地去看的话，便能通过五官感受到树木根基的茁壮、树叶间洒下的绝美阳光以及树皮散发出的清香等树木的魅力。这样大量的信息是在抱有“笔直”这一价值标准时接收到的信息所无法比拟的。这样想来，母亲的回答也许正是“不要抱有‘笔直’这种多余的价值标准，只单纯地去看”这层意思的双关语吧。

下面是我通过观察得以跳出思维局限的真实事例。

摒弃“应当如此”的想法

孩子出生后不久，在某个天气较冷的日子，妻子和孩子的爷爷、奶奶都发现孩子好像不太舒服，因此十分担心。好像没发烧，但是小脸通红，嘴里一直发出“呜……呜……”的声音，看起来很难受。尿布也换过了，吃奶也好好的，到底是为什么不舒服呢？

我稍微观察了孩子一会儿，说道：“是不是太热了？”

虽说不大可能，毕竟天气这么冷……但是抱着试一试的心态，我将孩子的外衣脱掉，只留下秋衣。于是，孩子脸上的通红竟然慢慢退去，安稳地睡起了觉。

“哎？明明这么冷的天，只穿秋衣竟然刚好？”

抛弃“因为天气冷，所以孩子应该感到冷；之所以脸色通红，应该是身体感觉不舒服”这些

想当然的念头，只单纯地去观察孩子。红扑扑的脸蛋，加之比昨天厚重的衣物，将手伸进衣服里时发现里面闷着浓浓的热气，这一系列的状况便使我类推并联想到“是不是太热了”这一层面上。

抱有“应该是那样，应该是这样”这种价值标准（思维局限），那么眼中便只能看到与价值标准相契合的信息，其他信息都被大脑所屏蔽。这就是我们常说的偏见产生的根源。

将价值标准放在一旁，单纯地去观察眼前的现象或是人物，再用五官感受去收集所观察到的信息。像小孩子对玩具反复地啃、摔、翻转一般，拼尽全力地去观察，这样便能找出自己在不知不觉之中采用的思维局限，并从中解脱出来。

如何发现
宏伟远大型思维局限

通过观察，我们可以识别平时很难发现的宏伟远大型思维局限。森毅是京都大学非常有名的教授，他写了一本名为《差不多的艺术》的书，这个书名可以说是非常随意了。此外，他还有一本书《踢飞学校法西斯主义》，这个书名听起来也非常不像教职人员所写。

这里介绍《踢飞学校法西斯主义》中所写的一个意味深远的故事。战争时，叫嚷着“杀掉敌国人”的，并不是那些不良少年，而是学校里的优等生。正是那些平时非常认真、成绩优异的优等生，他们打心

底里信仰并推崇军国主义。与此相对，像读书时候的森毅教授那样看起来不务正业、吊儿郎当的学生，反而对军国主义持着怀疑态度，并不完全相信。

战后，当发现教师篡改教科书，也就是说，面对在此之前学校教授的东西都是错的这一情形时，最不能接受这一事实的也是优等生。像森毅教授那样的不良少年，面对教师的巨大变化，反而能够冷静地接受，认为教师们的势头不错。

正如前文介绍过的《人类简史》一书所指出的那样，人类是信仰虚构的生物。而且，对虚构之事深信不疑的，与其说是那些恶逆无道的人，不如说是当下时代的优等生。那些认真的、无可挑剔的人信仰着虚构之事，并号召大家共同信仰它，这样一来，这些虚构的东西会变得无法反驳。于是，人们很难再对虚构之事抱有疑问，集体就很容易陷入失控状态。

同样地，私以为安徒生的《皇帝的新装》堪称完美的童话寓言。明明大家都看到皇帝并没有穿任何衣服，却都沉浸在“无与伦比的衣服”这一虚构之事中，不肯舍弃。越是认真的人越是对此深信不疑。

NHK的教育节目《小友TV》曾推出过一个非常有意思的哑剧，大人给孩子们示范当身体穿过呼啦圈就变得僵直不动的样子，孩子们便默默地模仿起来。人们似乎总是对虚构之事心怀敬畏，从不挑毛病地照单全收。这原本体现的是一种“不想对他人相信的东西挑毛病”的温柔。

伴随着孩子戏谑“皇帝没穿衣服”，《皇帝的新装》这一故事达到了高潮。换种角度看，这个孩子无疑是个没眼力见儿的人。“KY”[1]曾经作为流行语风靡一时，仔细想想，这些没眼力见儿的人，或许正是非常重要的存在。

也许，正是那些吊儿郎当的“不良人士”，也就是那些所谓的没眼力见儿的人的存在，才让那些束缚在虚构之事的思维局限中不能动弹的人们，得以看破

[1] 日语中“空気を読めない”（不会看气氛，没眼力见儿）一词的缩写。

虚构之事的真实面目。也许正是那些没眼力见儿的人拥有着让人们觉醒的力量。

事实是，“不良人士”为人类的多样性做出了贡献，他们告诉大家虚构之事只是虚构，发挥着让大家识别思维局限的作用。优等生就像过于顺从于某种价值标准的恐龙级别的古老物种，而现代进化学普遍认为，多样性为适者生存提供了更多可能。也许，每个时代里的“不良人士”正是一颗颗为适应未知的未来而埋下的种子。

一个企图将“不良人士”全部剔除的社会，也许被禁锢于某种思维局限之中却尚未察觉。

从历史中寻找思维局限

通过学习和了解历史，能够发现那些宏伟远大型思维局限。在前言中，我们简单地提到，不具有独创性、不善于随机应变、不够机灵的人，也许很难在人工智能时代生存。20世纪90年代，日本泡沫经济崩溃后，曾经掀起一股裁员大潮。以史为鉴，人们自然也会担心，随着人工智能的迅猛发展，对人力的需求会进一步减少，自己可能会被裁员。

回顾历史，会发现一切都是那么的不可思议。正如上文所说，工业革命使机器更加精密，劳动者其实已经处于冗余的状态。战后，明明机器性能进一步提高，但不可思议的是，整个社会却维持着劳动者近乎完全雇佣、整个国家国民共享富裕的状态。明明随着机器性能的提高，对劳动力的需求将越来越低，为什么仍能维持着高雇佣率呢？

其实用一个词就能解释这个秘密，这里卖个关子，暂且不说。

Panasonic（松下电器）的创始人松下幸之助先生，在当时的首相得意地说出“日本的失业率很低”时，做了如下劝诫。他说：“现在，日本的公司都在尽力雇用那些失业群体，我本人的公司就有近一万人每日处于游手好闲的状态。”

确实，当时无论是企业家还是商人都在拼命地维持着对劳动者的雇用。因为机器不断进步，即使不雇

用那么多劳动力，工作也能顺利开展，但他们扛起了帮助维护社会稳定的企业责任，并没有裁员。

通过回顾这段历史，我们便不难理解为什么现在“人工智能会夺走人类的饭碗”的声音越来越高涨。这是因为，越来越多的商人和企业家舍不得将更多的利润分给劳动者。

也就是说，工业革命时期，机器被当成了替罪羊，被蒙蔽的大众甚至还发起了捣毁机器运动。与此相同的，在人工智能时代，又开始响起“夺走劳动者饭碗的不是企业家和商人，而是人工智能”的声音。其实，人工智能也只是替罪羊，事实的真相或许只是企业家和商人不再舍得将更多的利润分给劳动者罢了。

如此，通过观察历史上的一个类似的事实，发现了“人工智能会夺走人类的工作”这一思维局限的奇怪之处。

通过观察历史，以史为鉴，类比分析，我们可以发现那些自己不知不觉间陷入的宏伟远大型思维局限，也许还会进一步找到克服现代社会思维局限的方法。

小结

· 通过观察历史上曾经发生的类似事件，从而识别宏伟远大型思维局限。

如何发现
触手可及型思维局限

前文中，我们通过两则小故事介绍了如何识别宏伟远大型思维局限，接下来，让我们一起思考如何发现那些支配着我们日常生活的触手可及型思维局限。

似乎有很多女性擅长“倒推式思考”[1]（当然，这也因人而异，很多男性同样非常擅长）。比如“为实现梦想，最终需要完成这项任务，为此，明年需要完

[1] 指设定目标后，为实现目标，计划出需要做的事情和时间表、考虑整体的工作安排的一种思维方法。

成这些任务，为此，今天需要学习的内容是这些”。这种能力在经历育儿（因哺乳导致没有休息好，却还要料理家务）后恐怕会被进一步强化。

一边哺乳，一边环顾整个房间，“孩子睡着后，先洗衣服，然后打扫房间，喂完下次奶后准备晚饭……”因为睡眠不足，明明身体已经很疲惫了，但在被家务包围的情况下，为了在有限的时间内将工作完成，倒推式思考就派上了用场。渐渐地，倒推式思考在这样反复的打磨中更加精进。

私以为这种倒推式思考其实非常有效，所以，也建议孩子学习运用这种思维方法。但以我的指导经验来看，长子多愚钝。

我也是天资愚钝的长子。在上初中时，因为成绩太差，时常让母亲着急上火：“再这样下去是念不了高中的！”我就说：“没事儿，念不了就打工呗。”即使常被教导要好好学习才能找到好工作、拿到高薪，我却总是把这些教导当作耳旁风，违逆道：“现在快乐比较重要，我讨厌学习，我才不管以后的事儿呢。”

倒推式思考对于孩提时代的我而言，基本上没发挥任何作用。

为什么倒推式思考在长子身上很难发挥作用呢?因为在小孩子眼中，大人们都是老奸巨滑的怪物。对于愚钝的孩子来说，大人从一开始就是大人，是自古以来就有的生物，和自己不是同一物种。即使父母告诉他们，爸爸、妈妈也是从小孩子慢慢长大的，他们也无法立刻领悟。

后面出生的弟弟妹妹就不同了，按照哥哥努力学习的程度可能会被哪所高中录取、一天要学习多久才能超过哥哥，这些基本上属于可预估事项，将哥哥当作参照物甚至可以预知到自己未来的工作。也就是说，相比之下，年纪小的孩子们更容易掌握倒推式思考。

然而，男生基本上都是瞬时思考（享受当下的快乐）能力比较强的生物，愚钝的长子没有稍微年长一些的哥哥姐姐作为参照，因此，也就完全没有关于成为高中生的实际概念。至于大学，对其而言就更加模糊了。在他们看来，光是上小学、初中就够烦的了，竟然还要继续上学，高中又不是义务教育，于是，便下意识地逃避继续念书。

“展望未来？什么玩意啊？有意思吗？”对怀抱这种念头的愚钝的长子讲述倒推式思考，还想追求成效，简直是对牛弹琴，他们完全不能体会。

对愚钝的长子而言，即使能够对过去和现在的自己做很好的评估，也完全无法想象出自己未来的样子，这便是他们的心态。

在母亲看来，明明自己能熟练地运用倒推式思考处理好一切事务，长子却完全不考虑自己的将来，这简直不可理喻。但是，长子确实想象不到自己的未来，完全没有任何概念，倒推式思考这种思维局限对他而言毫无效果，这也没办法。

那么，愚钝的长子在成长过程中的思维局限是什么呢？我从学生时代开始的大概10年间，开设过一个收容不上学和有学习障碍的孩子的补习班。以我在此期间的观察结果来看，对于中学时期的男生来说，

特别有效的思维局限是使命感。男生总是想成为守护他人的英雄，而中学时期的男生恰好处于青春期，他们的这种心情尤为强烈。下面着重说明一下在这些男生眼中的学习的意义。

怀揣使命、勇于挑战的男生

我在补习班与初中男生谈话时，他们最爱听我讲的就是关于守护自己喜欢的女生的故事。当同时被坏蛋围住时，要是我自己先逃了，我一定会后悔一辈子，于是，我便让女生先跑，就算自己处于危险境地，也必须守护她。“我相信你也一定可以办到的，对吗？”当听到这样的话，男生便双目炯炯有神，干劲满满。

接下来，我告诉他们，不仅仅是像家人与别人发生争斗这种一看就需要被守护的情况，世上还有人企图利用法律漏洞让家人陷入圈套之中，想要守护自己的家人，就必须学习法律和经济知识，正因知此，爸爸妈妈才会督促你们学习。当我问他们“你现在的知识水平是否足以守护家人”时，他们往往会懊恼地低下头。

所以你们才需要学习。学习是为了你将来能够守护自己的家庭，守护自己周围的人。中学时期的学习内容，是为了实现这一目标而打下的基础。既然如此，就迅速采取行动吧。没关系，当你能明白我所说这一番话的时候，也就意味着你已经变得更聪明了。当我再问起“怎么样，能做到吗”时，男生们便会目光坚定地点点头。

就这样，将勤奋学习置于“守护某人”这种能够使青春期男生们热血沸腾的思维局限之中，似乎能够使他们学习的动机更加明确。他们总觉得父母反复念叨着的话都是骗人的，但这些话如果是别人说的，他们会认真聆听，这令人意外。明明完全不能理解高中和大学所学的知识究竟有何用处，但一想到自己喜欢的女生，就很容易想象出将来守护自己家人的实际场景。

这些男生不喜欢吃苦，而且很讨厌麻烦，找不到兴趣所在时往往喜欢逃避。然而，一听到吃苦是为了完成守护某人这一使命所要经受的考验，他们就会莫名其妙地情绪高涨。男生们似乎都想成为英雄，因此便设定了“勤奋学习是成为英雄的使命和考验”的思维局限。这种方法也是通过对男生的观察，在了解其性情后得出的结论。

为了更好地理解男生“喜欢接受考验”的特点，下面，我将介绍一则出自西原理惠子所著的《油爆老妈》中一位母亲的趣事。

这位母亲有五个儿子。一日，全家出门郊游。归途中，因为玩得太累了，大家都席地而坐，纷纷表示走不动了，但母亲总不可能同时抱着五个孩子回家，那么这时母亲该怎么办呢？

“啊，走不动了啊。那我们跑回家吧！”母亲话音刚落，大家便叫嚷着“看谁先到家”，竞相奔跑起来。

如果采取“将五个人抱回家里”这种倒推式思考的思维局限，想要将躺在地上的五个人弄回家简直不太可能。但由于这位母亲非常了解男孩的脾气秉性，他们会觉得即使自己筋疲力尽也要全力奔跑的样子非常具有英雄气概（思维局限），于是，母亲激发了孩子们的英雄情结，巧妙地化解了这一难题。

育儿最要紧的并不是将自己的思维局限强加给孩子，孩子有自己的个性，他们所使用的思维局限也因人而异。重要的是，观察他们所用的思维局限，并思考如何刺激思维局限发挥作用。

虽然这里指出男孩是一种具有英雄情结的生物，但这本身也取决于孩子的个性，如果禁锢于“男孩应该会这样行动”的思维局限之中，一旦遇到个性并非如此的孩子，思维局限不能发挥作用时，教导方也会陷入困惑。不要将思维局限强加于人，重要的是为了发现孩子的个性而有意识地进行观察。

不去顺应自己的思维局限行事，而是通过观察发现对方心中的思维局限，进而找到能够成为解决问题

桥梁的方法，这便是育儿的秘诀，同样也是上司培养下属的诀窍所在。

要想让这种观察成为可能，就必须要与前述福永少年时期“笔直地看”一样，将自己的价值标准置于一旁，单纯地去观察对方。观察，观察，再观察。

思维局限中的上下级关系

商务场合也是一样，为了提高顾客的满意度而必须这样做，那么明天前必须要完成这项业务，这样一来你所需要完成的业务就是这些……像这样，上司总是运用倒推式思考将任务分配给下属，其实这对于上司来说，是理所当然的工作方式。

下属有时会表现出非常不情愿的样子，这时，作为上司的你也会察觉到下属的不情愿：“怎么？对工作不满意？”虽然如此，此时需要做的是，通过观察找出下属的思维局限，在工作的思维局限和下属的思维局限之间架起桥梁。

如果今天下属有不得不处理的私事而想准时下班

回家，也许是想给孩子过生日之类的，那就通过观察并看清下属的思维局限，将其连接到工作的思维局限上，上司的工作就是做出调整，做到不减损员工的工作热情。

因此，如果简单地将自身的思维局限强加给下属，而不考虑下属的思维局限，就很难做到不降低员工的积极性。暂且将自己的思维局限放到一旁，询问下属并表示理解，再从下属的思维局限出发，思考如何才能找到连接两者间的桥梁。

要做到这些，重要的是先将禁锢自己的思维局限置于一旁，然后展开观察。

冷静观察，有效精进观察力

在观察时需要注意，不要将观察与解决方案混淆。这是什么意思呢？

就像菜刀有着擅长切割的特点，这一特点使它能够实现自己的功能，游刃有余地切断食材。但有时，菜刀也会成为伤人的凶器。然而，这些本来是同一个特点，只是使用的场合不同罢了。

想要灵活运用事物的特点，就应摒弃片面认定善恶的标准，单纯地进行观察。在观察阶段，要做到冷静地看待“切割”这一特点，明白它既可以使菜肴的形态更加丰富，也不免存在伤人的时候。

观察终了，再思考解决方案，也就是如何减少使人们感到不开心的场景，增加使人们感到愉悦的场景。在思考解决方案的阶段，不管怎样，开心地解决问题总是好的，喜欢暴露自己缺点的方法并不使人感到快乐。比较可取的是，优先思考那些能够使自己和周围的人感到快乐的解决方法。

在观察阶段，面对任何事物，我都能做到保持冷静的观察，仔细查找出所有的特点。正因为如此，在思考解决方案的阶段，我才能得出各种各样的选项。这样一来，从中挑选出快乐的选项就更加容易了。

小结

·观察时，有必要将自己的思维局限置于一旁。

·在观察阶段，即使是残虐、冷酷、难堪的事物也不应遗漏，需要一并观察。

·在思考解决方案时，尽量选择能够使自己和周围人感到快乐的方案。

转换立场

日常生活中，我们时常会说“换个角度看”。但无论是换个角度看咖啡杯的杯身还是手柄，咖啡杯也只是咖啡杯而已。就算说要转变视角，多数情况下，也很难马上明白该怎么办，依旧摸不着头绪。

比起“转变视角”，更加贴切的说法应该是“转变立场”，也就是改变自己的立场。下面给大家介绍一个最近在网络上备受关注的转变立场的方法。

分别用语文、数学、化学、社会学等学科的语言来形容杯中之水，会发生有趣的现象。

从数学的立场出发，将杯中之水形容为“水杯的容积为200毫升，所盛之水约为100毫升”；化学则表示“水的化学分子式是H_2O，水杯的构成元素为硅”；语文称“水经咽喉敏捷穿过，平息了身体的火气”；社会学表述为“在水道局管辖下，在约2千米处的处理厂进行了杀菌操作”等。同样是杯中之水，从不同学科的立场出发，对事物的观察方法也发生了剧变。

一直以来，我们都在提倡“抛开价值观去观察”，但如何抛开价值观本身，这对很多人来说也是一项挑战。如果不知道该如何抛开价值观，不妨试着从不同学科的立场出发进行观察，这种方法也许能够让我们另辟蹊径，做到以全新的角度去审视事物。

商务场合一般认为，从对方立场出发思考问题非常重要，这也是转变立场的方法之一。不妨试着从交易对象或者顾客的立场出发思考问题，也许会有柳暗花明又一村的效果。

进一步来讲，不只是从商务的立场，从环境的立场、金钱的立场、使何人欢喜何人忧的立场、文学的立场、政治的立场、家庭的立场、考虑到下一代幸福的立场，从各种各样不同的立场出发看待同一问题，观察之眼便会瞬间变得敏锐起来。

转变视角，归根结底还是从自己的立场出发，所以很难发现思维局限。相较之下，转变立场更能让眼前环境发生剧变。因此，不妨将转变立场熟记于心，以使自己的观察力变得更加敏锐。

小结

·比起转变视角，更要转换立场。

·分学科或是分价值观地进行观察，可以有效精进自己的观察能力。

假说式思考，让观察力更敏锐

想要使观察力变得敏锐起来，还有另一个非常有效的方法，即建立假说。特别是在面对未知现象时，这种方法能发挥出巨大的威力。

从学校学到的都是一些已知的东西，但那些还未被人们发现的、未知的、没有正确答案的东西该如何处理呢？我们无从得知。特别是像我这种不机灵的人，没有正确答案的东西对我而言很是棘手。有正确答案的话死记硬背就好了，即使是机灵的人面对没有说明书的东西也常会犯难。

然而，实际上存在着应对未知的方法，而且是连小婴儿都能凭借本能采用的思维方法，那些不机灵的人也完全可以实践，这就是“假说式思考”。

婴儿自出生起就置身于未知的世界之中，不管怎么说，因为婴儿不懂语言，所以根本无从教导。而且，对于婴儿来说，就连语言都是未知的事物，父母对此也无计可施。

但婴儿即使不被教授也能掌握语言和行走这些技能，婴儿与生俱来便掌握着将未知转变为已知的方法。当然，正在阅读本书的你也一样。

婴儿在不断摸索中注意到照料者所说的“发出这种声音，应该是饿了”的假说，并根据这种假说有意识地试着发出同样的声音。如果照料者注意到“嗯？是肚子饿了吗”，那么，下次当婴儿想喝奶时，便会继续发出同样的声音。就这样，婴儿渐渐地学会了语言这项技能。

小孩子通过反复摸索，建立“这样做的话，也许会出现这样的结果”“做这样的投入，会得到这样的产出”的假说，并通过实践检验这些假说是否能够顺利实施，渐渐地掌握了语言技能。

恋爱也大抵如此，一旦有了喜欢的人就会忍不住想要观察。通过观察，如果发现对方爱吃甜食，就会假设对方会对美味的冰激凌店感兴趣，从而提议去品尝。如果邀请对方去馅蜜[1]店，但对方却看似对馅蜜不感兴趣，此时便建立新的假说“她应该不喜欢馅蜜”，决定下次邀请她去吃别的甜点。像这样，不断建立假说，并尝试验证，通过结果的反馈不断修正假说，从而把握恋人的好恶，对方的性格也会愈发鲜明起来。

商务场合同样如此。若是想开设一家顾客爆满的餐厅，首先要在一旁观察、探明人气餐厅受欢迎的秘密，从而建立假说：“也许是因为这样的装潢很流行，这样的菜单很有人气。”进而以这个假说为基础，观察那些不受欢迎的餐厅，发现那些不受欢迎的餐厅明

---

[1] 日式甜品，一种豆沙水果凉粉。

明拥有与假说一致的特点，却还是不受欢迎，那就更换新的假说。

就这样，不断提高假说的精确度，在此基础上经营餐厅，却发现客流很少。看来，是因为餐厅开在老年人居多的地方，装潢和菜单却面向年轻人，两者不匹配。于是，通过建立“试着增加面向老年人的菜品，准备舒服的坐垫，再来看看效果如何”的假说，慢慢地贴近顾客的需求。

建立假说对于应对未知、慢慢地明确如何处理未知事项十分有效。因为能够轻松观察到实际与假说间的差异，所以建立假说的方法自然会使观察力更加敏锐。

然而，假说式思考实际上是我们在孩提时期凭借本能加以掌握，却不幸在受学校教育的过程中遗失的一项技能。一直以来的学校教育都要求我们死记硬背正确答案，因此，我们便在长期的学校生活中遗忘了应对未知的方法，即忘记了假说式思考这种方法。

不妨让我们冷静地恢复假说式思考的能力，既然是与生俱来的能力，一定可以失而复得。重视诸如

“不是这样的吗”的感觉，建立“那么，这样做也许会比较顺利”的假说，进而根据假说采取行动。就这样反复尝试，并在摸索中渐渐将未知转换为已知。即便是不机灵的人，也能渐渐将不知所措转变为略知一二。

事实上，这里所说的假说式思考是一种科学方法。科学论证分为五个步骤，即观察、推论、假说、验证（实验）、考察。

还以刚才的餐厅为例，首先观察大量的人气餐厅，在观察中自然会得出“难道这就是受欢迎的秘诀吗”这一推论，进而建立“是不是有这一特征就会很受欢迎呢”的假说。接下来，为验证这个假说，有意地四处观察不受欢迎的餐厅，检验是否会出现与假说一致但并不受欢迎的店铺。如果假说未能顺利成立，便考察原因，再次回到观察阶段，提高假说的准确度。我将这种方法称为“科学五步法”。

像我这样的不机灵的人，到底还是不擅长与未知事项打交道。不过，好在通过假说式思考（科学五步法），能够将未知一点点变为已知。更不可思议的

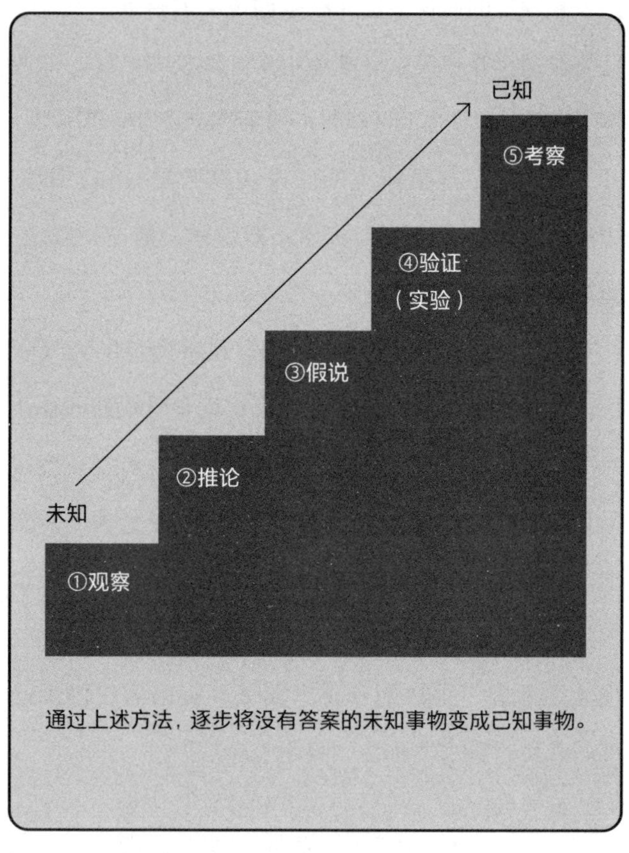

图 5　科学五步法

是，我变得越来越善于建立假说，基本上不太会出现大的偏差，就像是第六感在发挥作用一般。

人工智能通过深度学习这种新方法，从无数次的摸索中得出“也许这样做正确率会更高”的结论，凭借着这种类似于直觉的东西，击败了世界围棋强者。也许，直觉是一种累积无数次失败经验的假说，精确度出乎意料的高。

建立假说，即使失败了也能从中学习，从而建立新的假说。反复地进行这种假说式思考，渐渐地就不会再出现很严重的失败。即便失败了，也能尽早找到适当的假说，在失败刚萌芽时就进行弥补。

假说式思考使我们不会一直停留于思维局限之中，它让我们从观察对象出发找到新的思维局限（假说）。希望你忆起孩提时代的假说式思考，并稍加练习。一旦你习惯了假说式思考，即使是发生了预料之外的未知事项，也能够以一种愉悦的心态去面对，期待会有新的发现，相信你一定能够掌握这种思维方法。

小结

·假说式思考使不机灵的人在最不擅长应对的未知面前，有了与其过招的可能。

·假说式思考，是观察并在此基础上建立假说，是一种精进观察力、提高观察准确度的非常有效的方法。

表达：通过语言描述改善自我行为

作为识别思维局限的方法之一，我们已经意识到了观察的重要性。然而，仅仅凭借观察，想要上升到操纵思维局限的高度，还远远不够。要操纵思维局限，表达思维局限也是其中重要的一环。

第一步是准确把握知道和不知道的界限，《论语》有云："知之为知之，不知为不知，是知也。"能够准确把握知道与不知道的界限，才是真正的智慧。

例如，大家都知道咖啡是苦的，但很少有人能够说明咖啡为什么是苦的。

再比如，我们很清楚对方没在听我们讲话，却不知道他们不听我们讲话背后的原因何在。

一旦试着表达出来，我们就会发现，在已知事项的周围存在着大量的未知事项，而重要的便是准确把握知道和不知道的界限。

将经历表达出来

当你注意到什么的时候，要将其表达出来。下面介绍一件起初令我很吃惊，继而让我谨慎对待的事。

有一位初次见面就对我咬牙切齿的人，他好像是从别人那里听了我的坏话，因此对我的印象很坏。无论我说什么，他都带着恶意揣摩，也许在别人看来，这误会大概是无法解开了。

我当即放弃了讲话，而是开启了聆听模式，仅仅询问他“此前都做过什么工作呢”“做到这种程度需要下些什么功夫呢”。

我表现出对对方所说的话抱有兴趣，时而一副饶有趣味的模样，时而做出一脸惊讶的表情。这样一来，对方虽然起初十分冷漠，但表情渐渐缓和下来，进而慢慢高兴起来，最后还称赞了我的工作，甚至连从谁那里听了我的坏话都和盘托出了。

如果我只是单方面地想要解除我们双方间的误会（只顾着自己说），想必误会是不会如愿解除的。抛弃“希望获得对方的理解而不断地说话”的思维局限，转移到“以关心的姿态，对对方所说的内容抱有兴趣”的思维局限，可以有效地打破僵局。

为什么这个人的态度会发生改变呢？恐怕是因为人类是希望被聆听的生物，是一种时刻在等待着懂自己的人出现的生物。

不管对方说什么，我都以饶有趣味的姿态去聆听，时而显示出浓厚的兴趣，时而做出惊讶的神情，会让对方产生一种“他接纳了真实的我”的感觉。这样一来，对方的心态就会神奇地发生转变，变得想要理解这个能够接纳自己的人。

一旦将这一经验用语言表达出来，那么当下次再发生类似的事情时，我便能更从容地面对。即便对方

是一副气势汹汹、要吵架的样子，我也丝毫不慌张。因为我已将这个经验烂熟于心——比起为了寻求对方理解而只顾着自己说，对对方表示关心、展现出对对方讲话内容的兴趣更能起到打破僵局的效果。

相反，如果怠于表达，就输给了本能。既然用语言表达是违背本能（因想得到理解而只顾着自己说）的，那这就一定不是能够自然而然掌握的技能。将“想得到理解”这种内心愿望表达出来，将“对方也是人，也会寻求能理解自己的人”这种思维局限表达出来，就能更容易地超越本能行事。

一旦表达出来，就会瞬间意识到自己眼下就处于那样的场面，就会将准备好的应对模式付诸实践。一旦慢慢地习惯了，就会下意识地抑制住只想顾着自己说的欲望，聆听对方讲话就会像“第二本能”一般，自然而然地习得。

小结

· 一味地顺应本能和冲动，只会让我们反复经历同样的失败。

· 从失败和其他经历中学习，通过表达改善我们的行为。

· 重要的是反复练习表达，直到它能够成为我们的“第二本能”。

循序渐进，塑造“第二本能”

进行表达，并计划着当下次发生类似事情时就这样做，如果仅仅这样就能立刻付诸实践，那当然很好，但事实并非如此。因为愤怒引发的冲动而把事情搞砸，这是常有的事。许多人往往对自己犯下同样的错误而感到恼火，破罐子破摔地骂道：“生气的时候怎么能做到啊？净说漂亮话！”就这样自暴自弃了。

我希望你不要急着下结论。压抑自己的本能和冲动，将利用智慧所学到的行为升华为“第二本能”，只要分阶段实施，是完全有可能实现的。这一过程也

能够很好地通过语言表达出来，即用出自中国古典作品《礼记》中的“藏、修、息、游”。下面以骑自行车为例进行说明和思考。

“藏”即无论如何，先要将知识烂熟于心。对应到骑自行车中，便是先学会基础知识，例如想要前进就蹬脚踏板，想要停下来就刹车等。

“修”即通过不断练习从而掌握技能。对应到骑自行车中，即使骑车时摇晃个不停，通过反复的练习，最终使身体掌握平衡要领。

“息”就如同下意识地呼吸一般，达到能不假思索地下意识采取行动的程度。对应到骑自行车中，即边骑车边哼歌，达到不必仔细思考身体每个部位要怎么做，也能轻松蹬脚踏板、适时刹车的境界。

“游”便是运用掌握的技能，就像玩耍一般不断地进行各种尝试的阶段。对应到骑自行车中，即便是很窄或者很崎岖的路，也能做到自由自在地骑行，达到能够享受各种各样的驾驶技术的境界。

如上所述，学习经过“藏、修、息、游”四个阶段，就基本达到了“第二本能”的状态。对于那些无法仅通过将身体委托给本能或冲动而得到很好实践的智慧，首先将其用自己能够接受的语言表达出来，经过“藏、修、息、游”四个阶段，将其上升为一种技术来掌握。这样一来，便不会感觉展现智慧很吃力了。

这一过程就和骑自行车一样，虽然到学会为止要花费很长的时间，但思维局限有可能会在一瞬间发生转变。即便是不机灵的人，也能像机灵的人一样很快转换行事方式。

小结

· 想要让表达出来的智慧有实施的可能，需要经过“藏、修、息、游”四个阶段，因此不要着急。

· 即使是有关那些不太常见的情形，也可以反复进行“藏、修、息、游”的练习，通过实践的不断磨炼，将其升华为自己的“第二本能”。

通过联想进行语言表达

有很多人想要通过语言表达自己，却不知道从何说起。因此，我向大家推荐思维导图。最初的词汇是什么都没关系，将联想到的词汇用对白框（漫画人物的台词气泡）圈起来，进而将从这个对白框中联想到的词汇继续用新的对白框圈起来，再将对白框之间用线连起来。思维导图就是如此，将脑海中所想全部用对白框圈起来的一种图示化方法。

试着这样做，你会发现，大脑中明明装着数量庞大且复杂的东西，但你却意外地有一种一无所知（或者说不知道该如何表达）的感觉。

这种方法不仅适用于商务场合，作为备考方法同样有效。就拿我本人来说，我在京都大学念书时，就经常利用思维导图解决数学问题。京都大学的数学题的题干往往看起来很普通，也就两三行字："假设这两个等式成立，试证明如下等式也成立。"明明这样的题干看起来平平无奇，然而真正要证明时，就会发现证明过程往往一张A4纸都写不下。对于极其不擅长理论思考的我而言，这样的题目我是做不好的。

第三次考试时，我尝试着用了思维导图的方法。将作为前提的方程式能够联想到的东西以对白框的形式慢慢写出来；相反地，再从想要得出的作为结论的方程式出发进行联想，同样以对白框的形式展开。这样做了之后，我发现，分别从前提方程式和结论方程式展开联想的对白框之间出现了重合。“啊！联系上了！”通过这样的方法，我找到了从前提到得出结论的证明步骤。即使对于很长的理论推导过程，思维导图也是一种便捷的方法。

明确“知”和“不知”的界限

稍微有点偏题了，下面让我们继续回到语言表达这一话题。对于明确知道和不知道的界限（进行语言表达）而言，思维导图是一种非常有效的方法。

例如，当没有任何开发新产品的创意时，首先将“开发新产品”这个对白框写出来，随之将会蹦出一个问题：“什么能称得上新呢？”而这又成为一个新的对白框。对这个问题的回答“目前尚没有的东西”又将成为下一个对白框。当联想到“我们公司的优势在哪里”时，就将此前所做的产品一个个写进对白框里。当这样将已有产品全部列出后，就会注意到“咦？这个领域似乎还没什么产品”。

思维导图是一种联想，只要出现一个想法，其他想法就一个接一个地涌现，可谓一种十分符合我们脑部构造的思维方法。人们一般认为联想只需要在脑海中进行就可以了，但在眼前进行图示化、视觉化是非常重要的。那些脑海中觉得非常惊艳的想法，一旦写出来，往往会发现“咦？很老套的想法嘛”。

仅在脑海里进行联想，似乎往往会失之偏颇——重视微不足道的事情，轻视真正重要的事情。如果仅在头脑中处理，也只是“这想法真不得了”的感觉愈发强烈罢了。

不妨试着用思维导图将头脑中所想全部写进眼前的对白框中，这样一来，这些想法便成了客观的、可视化的东西。也许你还会发现，自己觉得很重要的东西实际上竟然不值一提，而自己觉得不重要的东西也许正发挥着关键作用。继续联想下去，也许会产生一些目前为止没有注意到的新想法。

我在20多岁的时候，运用思维导图对自身做了一次全面的清点盘查：我是如何成长起来的？有没有什么思考问题的习惯？喜欢什么，讨厌什么？为什么这么感觉？为什么会这样行动？

我将不经意间注意到的事情全部用思维导图展现出来，尝试认清自己的本质。不狂妄自大，也不过分自卑，只为了认清真实的自己。

得益于这项清点盘查，我逐渐不再迷惘，也能够认清真实的自己，并看清真实的自己能力范围内的事，我变得能够思考那些有实现可能性的事情。渐渐地，我开始正视自己做不到的事情，并适当地放弃，不过分逞英雄，也不会随便轻视自己。世上有自己力所能及之事，也有自己力所不能及之事；有自己心中有数之事，也有自己的知识盲区。不论你年纪多大，都希望你能对自己展开这样的清点盘查，一旦你把握

了自己的知识边界，就能实现从未知向已知的转变，从而更新自己，这实际上非常令人愉悦。

苏格拉底也很重视区分知道和不知道的界限，苏格拉底的名言“认识你自己”就是证据。此外，《孙子兵法》中也有言：“知己知彼，百战不殆。”

例如，如果能够把握汽车车宽，就能在狭窄的道路上通行，也能做到与对面驶来的车辆完美错车。就像熟知所驾驶车辆的轮廓能够有效减少危险一样，如果能够把握自己的思维局限的轮廓，就能很好地把握自我的能力。

要清楚呈现思维的全貌，我推荐使用思维导图。

实际上，本书也是在思维导图的基础上撰写而成的。

小结

· 通过思维导图进行联想，可以掌握知道与不知道之间的界限。

· 将脑海中所想如数展现出来，会注意到那些无法通过联想想到的空白区域。

思维局限
宏伟远大型思维局限、触手可及型思维局限
宏伟远大型思维局限
赫拉利的金钱论
天动说、地动说、民主主义
范式变化（迁移）
触手可及型思维局限
完美的母亲
黑心企业、克己奉公
切合实际型思维局限和不切实际型思维局限
宏伟远大型思维局限
脱离现实型
失败的本质
对周围环境的研究
贴近现实型
欧文、福特、凯恩斯
工业革命
市场经济原理主义
劳动者属于生产成本
钟纺株式会社的命运共同体论
触手可及型思维局限
脱离现实型
处处都是神明、僧侣心中无神明
完美的母亲、克己奉公
进退两难
贴近现实型
微笑育儿
在没有业绩指标的情况下最大限度实现工作热情高涨
机灵的人和不机灵的人
不机灵的人
机灵的人
回避视线法
方法：识别、偏移、设计思维局限
识别
偏移
打破
设计→创造
实践思维局限
触手可及型
宏伟远大型

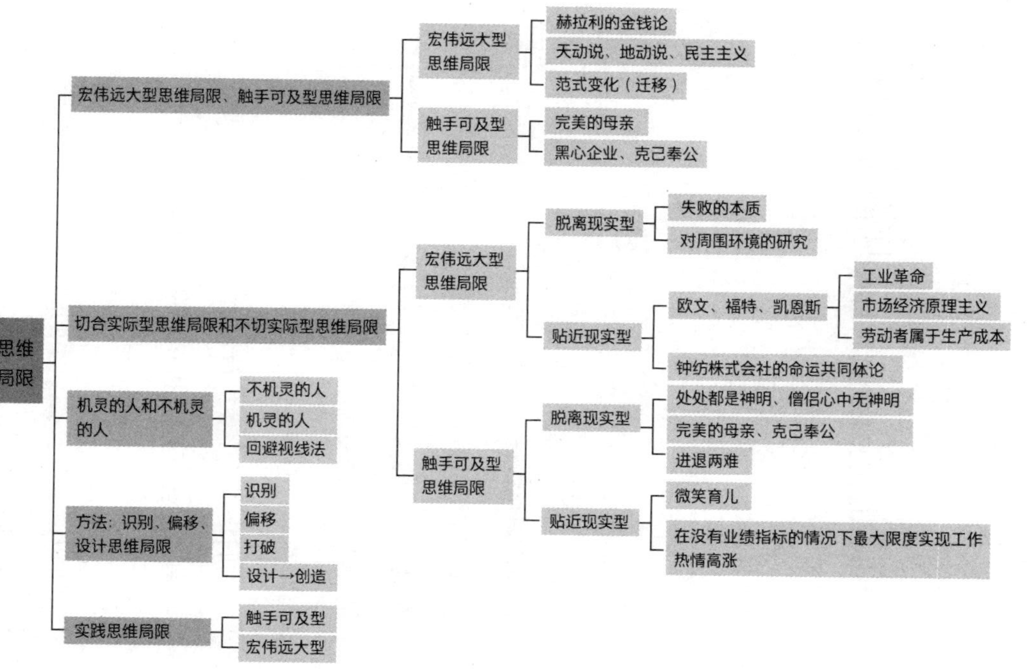

图 6　本书的思维导图

询问前提：任何思维局限都隐含着前提

怀疑的有效性

我曾在车站看到“以怀疑的眼光审视新闻”这种带有讽刺意味的新闻广告。博人眼球的广告语背后存在着作为前提的思考方法（思维局限），即“智者不会囫囵吞枣，他们是精于怀疑的生物”。

人们总认为，容易被迷信蛊惑的人不懂怀疑，而只要是拥有合理性分析精神的人就必然是会怀疑的生物。

可以说是笛卡尔普及了这种思考方式。笛卡尔在其著作《谈谈方法》中提倡以下两种方法。

第一，怀疑所有的已知概念，并否定它们。

第二，从那些确定无疑的概念出发，重构思想。

即便是自己从小到大都坚信着的东西，其中也许也存在着某些错误。于是，笛卡尔便提出保持怀疑、全盘否定的思路。通过这种方法，可以完全剔除错误，构建起完美的正确思想。沉迷于这种思想的知识分子开始践行笛卡尔的提案，即先全盘否定，而后重新构筑。终于，即使是没有读过笛卡尔书的人也开始相信，怀疑这种批判性精神是很重要的。

然而，我却认为笛卡尔这种怀疑的做法有些矫枉过正了，因为它的副作用实在太大，以至于会发生一种充满讽刺的现象——一旦确信之后，便永远不会再怀疑了。

所以，怀疑这项行为最棘手的副作用就在于，当完成怀疑这项行为之后，往往容易过分相信新构建起的思想。为什么他们会对新思想确信无疑呢？大概是因为他们陷入了这样的思维陷阱——认为这世界上没有人能够做到像自己这样进行彻彻底底的怀疑，从根

本上完全重构思想，因此，自己的思想绝对是正确的。为什么他们会深信新思想是正确的呢？这是因为怀疑这项行为本身是很痛苦的，所以人们更倾向于坚信重构的思想完全正确。怀疑甚至是否定人们一直以来朴素的信念、从小到大深爱着的东西。一旦体验过这种痛苦，就会期待最终得到的东西必须是真理。这在心理学上被称为“补偿心理”，即“都已经怀疑了这么多了，可以相信了吧”这种想要得到犒劳的心理。

一旦确信自身的思想绝对正确，就会屏蔽外界的声音，陷入“除了我之外都是些蠢货”的心态中，无法从自己深信不疑的思维局限中脱身，这令人痛惜。相信怀疑的有效性却不展开怀疑，这大概是现代社会最严重的思维局限之一。

我认为，与其使用怀疑这一副作用强大的烈性药，不如试试稍微温和一点的方法——询问前提。下面，我们就通过具体例子展开说明。

小结

·一旦开始了彻底怀疑这项痛苦的行为，就会产生副作用——过分信任重新构筑起的思想。

·现代人被“怀疑精神是理性的印记”这一思维局限所束缚。

思维局限的前提

铁是很容易生锈的金属，这是我们日常生活的经验，上学时的教科书上也是这么写的。然而，如果铁的纯度高达99.99996%，就不会生锈，也不会被盐酸溶解，那么教科书上的很多知识就不成立了。

也就是说，教科书虽然没有特别说明，但有一个前提——在纯度并不那么高的情况下，铁容易氧化、生锈。但纯度需要达到什么程度？超高纯度的铁又会如何呢？如果转变前提，铁就会显现出和教科书中不一样的性质。

这并不是说教科书上所写的东西是骗人的，只是说如果铁的纯度在一定范围内，那么铁就是容易氧化生

锈的金属。而一旦前提发生改变，结果就未必相同了。

任何思维局限都隐含着前提，都是在前提成立的基础上得出结论。反过来说，如果前提不成立，那么结果也可能不尽相同。

也就是说，即便是想要创造新的思维局限，也没有必要对既存事物全盘否定。仅仅改变一下前提，事态就会发生极大的转变，也就没必要全盘否定过去的思想了，毕竟只要询问前提就能产生足够的效果。

询问前提，当发现不同的前提能够带来不同的结果时，只要采用其他适当的思维局限就已足够。

怀疑总会让人产生一种强烈的、要失去所信任事物的不安感，因此，人们便会产生希望早点儿找到值得信任之物的冲动。一旦出现让人感觉不错的思想，人们便想要抓紧它，这其实是“终于能够从怀疑的痛苦中脱身了”这种下意识的冲动在发挥着作用，于是人们对其深信不疑，将“我已经充分地怀疑过了”作为免于被指摘的挡箭牌。

我认为，只要没什么大问题，不妨继续相信那些

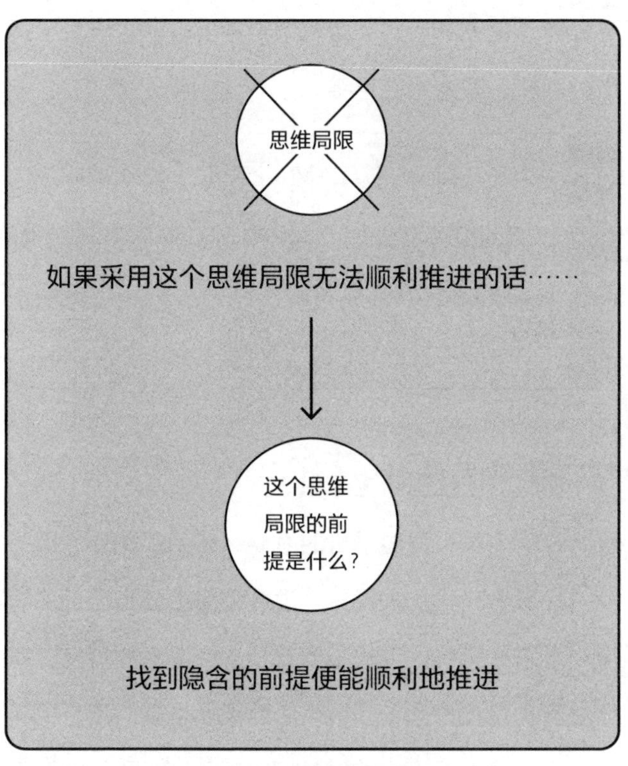

图7　留意并识别思维局限的前提

人们从前就相信的朴素的观念。不过，一旦感觉到不合时宜，就不要再执着于过去的思维局限，开始询问前提，借此转换到更加合适的思维局限。这样的做法

更顺畅，也更灵活，经验积累得越多，就越能做出适当的判断，锻炼感性思维。

小结

·怀疑是一服烈性药，不妨试一试询问前提这种温和的方法。

·要使思维局限成立，必须要使前提条件成立。改变前提条件，恰当的思维局限也会随之而来。

询问前提让创新更简单

我第一次买智能手机的时候，感到很惊讶，因为没附说明书！我从来没买过没有说明书的家电，不管操作再怎么简单，也从来没有不给说明书的情况，对吧？但我就算将盒子翻了个底朝天，也真的没有说明书。没办法，我只好将手机开启，心情忐忑地等待着，等显示屏亮了之后，试着操作了一番……咦？我好像就这样把手机系统设置好了。

智能手机的划时代意义究竟体现在哪里呢？虽是一己之见，但我认为正是体现在没有说明书这一点上。如前所述，以前的制造商总认为说明书是必要的，是消费者理解操作方法的必需品。但这其实是加重了消费者的负担，创造者将新功能描绘得丰富多彩，借此营造出获得感的假象，这便是此前的制造商的思想（思维局限）。

此前的产品都是创造者为自己创造时的方便而设计完成的，这便是消费者很难明白如何操作，以及需要很厚的说明书的原因所在，也可以说是为了掩饰大多数新功能其实根本就不方便的事实。

而智能手机设计师们恐怕对“创造者为了自我满足而进行创造产品”的前提产生了质疑，于是，在进行产品创造时开始着眼于使用者，思考完全不需要说明书、仅凭直觉就能操作、可以由使用者自己选择附加功能的产品结构，这不正是对以往产品创造中的“需要说明书”和“要大量附加新功能”这些前提的修正吗？

在那之后，智能手机的产品创造思想影响到了各种各样的领域。即使不去费劲读说明书，也能够完成

操作；功能可以由使用者自行选择并添加——不再强迫消费者使用那些由创造者们以自我为中心而创造的产品，而是旨在创造出更加贴近使用者的产品。这是通过询问前提创造出大量具有革新性产品的一个鲜明例子。

智能手机设计师们之所以能够不断创造出具有革新性的产品，大概是由于他们并没有忽视自己心中的别扭感。使用家电时，必须要阅读那些繁琐的说明书，这实在令人感到厌烦，继而，开始思考这究竟是否有办法解决，一步步研发出了那样深入人心的产品。

当然，开发团队中肯定不乏有人抱怨“附上说明书不就好了吗”，或许设计师们是通过“不要处处都用开发者理论看待问题，试着想一想不需要说明书的方法”这一席话说服了他们。

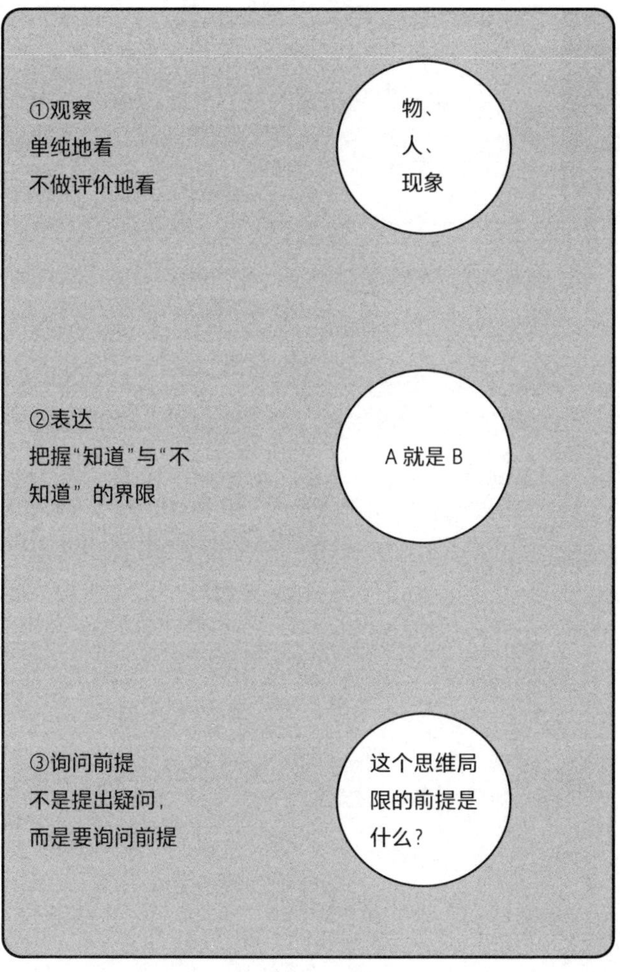

图 8　识别思维局限的三种方法

小结

· 重视自己所感受到的别扭感，将这种别扭感用语言表达出来，询问前提的方法也就自然显现了。

· 改变前提后，还需要耐心地说服周围的人。

第四章 构建你的“破界思维”

前面介绍了识别思维局限的方法，接下来，我将介绍几种能够在一定程度上操纵思维局限的方法。虽然这不一定能够使你达到随心所欲控制思维局限的水平，但至少能够使你在一定程度上操纵它，并与其和谐共处。

穿插多个思维局限，降低交涉难度

明明知晓自己不能从容应对，但却不知如何是好，不机灵的人会由于束手无策而陷入慌乱之中。也许很难在转瞬间找到理想的思维局限，但只要稍微使其偏移一下，世界也许就会发生巨大的变化，所以，试着思考一些能使思维局限发生偏移的方法吧。

偏移思维局限的达人

我们可以从过去那些伟人的逸闻趣事中学习使思维局限发生偏移的方法。

让我们来看历史上的一位在谈判时能够巧妙地使思维局限发生偏移的达人，他就是晏婴。

晏子使楚

晏婴作为齐国的使者出使楚国，而楚王有意羞辱他，下令紧闭正门，并命人告诉晏婴，要从狗洞钻进来。

要是晏婴真的这么做了，那使者的颜面就丢尽了，要是一怒之下打道回府，使者的任务就无法完成。在这左右为难、一筹莫展的境地中，晏婴究竟该怎么做呢?!

“若楚国是狗国的话，我倒是不介意从狗洞钻进去。”晏婴只一句话便反客为主。这下轮到楚王头疼了，如果真让晏婴从狗洞钻进来，那就等于承认楚国是狗国，丢人的不是晏婴，而是楚国了。楚王这才不得已令人打开正门。

羞愤不已的楚王一计不成，又生出一个坏心思。齐国是晏婴的祖国，楚王便故意在宴会上提审了一名齐国小偷，并打趣道："难道齐人都是小偷吗？"

此时，即使晏婴一个劲儿地解释"并非如此"，齐人盗窃也已是不争的事实。明摆着楚王是有意揶揄，若晏婴此时一言不发，楚王定然不会善罢甘休。作为一国使者，晏婴又陷入了无法逃避的窘境，该怎么办呢?!

"您知道柑橘和枸橘这两种植物吗？"晏婴说道，"柑橘和枸橘本来是同一种植物，但把这一植物种在河的两岸，长出来的叶子和果实却会变得不同，这是因为两岸的土壤不同。此人在齐国没有偷窃，却在楚国行盗窃之事，想必是因为楚国有着能让人变为小偷的土壤环境吧。"

现在尴尬和丢人的无疑是楚王了，于是他反省道："好了，不调侃你了。"楚王终于开始认真地与晏婴谈判，晏婴也顺利地完成了使命。

晏婴的回击可谓无懈可击，在这两个例子中，楚

王特意设计了为难晏婴的思维局限。面对要求其从狗洞中钻进来的无理的思维局限，普通人也许会方寸大乱，不知所措。但晏婴巧妙地让“狗洞”这个思维局限发生了偏移：“从狗洞进，也就是说您的国家是狗国吗？”

晏婴丝毫未对思维局限做任何改动，只巧妙地使其发生了一点儿偏移，便反客为主地让楚王陷入了窘境。

齐国小偷的例子也是一样，楚王有意设计好思维局限，强硬地提出不争的事实，意图让晏婴陷入窘境。晏婴则大方地接受了“齐国小偷”这个思维局限，通过进一步对“在哪里成为小偷”进行解释，反过来诘问楚王：普通人不正是在楚国的地盘上才变成小偷的吗？这样一来，楚王有意设计的那些思维局限，就被晏婴全部扔回楚王手中了。

由于这些难题都是楚王自己抛出的，因此，当被晏婴反问时，楚王也不好反驳什么。每次交涉时，对对方所提出的思维局限照单全收，稍微增加一些逻辑，反过来将其重新设计成倒逼对方的思维局限，这样一来，对方便无话可说了。

除此之外，晏婴仔细分析了自己所面对的思维局限，他明白，只要稍做改变，危机就可以成为转机。

只是表达悲伤之情

这是一个宰相发起政变、杀死齐王的故事。很多家臣因害怕被杀，都沉默着不敢反抗，任由皇帝的尸体倒在那里。宰相非常在意深受百姓爱戴的晏婴会做出怎样的举动，他打算，如果晏婴抨击政变，那就只能连晏婴一起杀了。

就在宰相亮出剑时，晏婴突然奔向皇帝的遗体，失声痛哭起来。看到这一幕，大家都觉得十分惊讶。是啊，如果连对死去的君主表示悲痛欲绝之情都不行，那也太不通人情了，宰相找不出杀掉晏婴的理由，毕竟他只是为君主的死感到悲伤而已。政变党囿于“顺从或是反抗我们”的思维局限，看见晏婴“悲伤于君主之死”这一虽完

全不同于自己的思维局限，但作为臣子却是理所当然的思维局限时，一时没有反应过来。正当他们还在疑惑时，晏婴早已返回家中，这下他们只能束手无策。

晏婴清楚地知道自己所面临的思维局限，并通过行动巧妙地将其偏移到新的思维局限上来。很多人只是竭力思索着是要遵从还是反抗眼前的思维局限，但晏婴明白，除了这两个选项外，思维局限还存在着偏移和重新设计的可能。晏婴的这些事迹，使其成为历史上公认的卓尔不凡之人，后人也多有效仿、学习晏婴之举。

将对方特地为我们准备的进退两难的陷阱原封不动地还给对方，使其为难，这完全就像是在看相扑比赛中的拧身后摔，大有转败为胜的快感。

总之，不要否定对方提出的思维局限，在接受的基础上添加新的解释，使其改头换面，偏移到其他思维局限上来。

小结

· 要使思维局限发生偏移，首先要原封不动地接受思维局限的结构，通过添加解释的方式得出不同的结论，这便是要领之一。

· 如果感觉对方所说的话很无理，首先要用语言将这份别扭之感表达出来，通过追加新的解释，使思维局限发生偏移。

下面，我们从身边的例子出发，继续思考如何使思维局限发生偏移。

与任性的孩子交涉

有一天，我和家人正在准备午饭，女儿嚷嚷着："妈妈，筷子。"但妈妈正在厨房里忙着做饭，这时，我把我的筷子递过去，却遭到了女儿的拒绝："不是要爸爸的。"如果不出所料的话，她就要开始哭了——这就是我们所说的孩子的任性期。

这时，我想出了一招，让女儿看着我的筷子，问

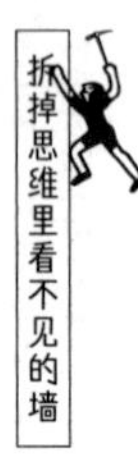

她："是这个吗？""不是。"再把儿子的筷子递给她。"不是。"再递给她妈妈的筷子。"也不是。"最后，我才递给她女儿自己的筷子。"对。"就这样，她乖乖地接下筷子了。

再举一曾发生在我家的例子。

"该吃饭啦。"虽然我催孩子们来吃饭，但孩子们仍旧沉浸于游戏之中，要么回答"不吃"，要么压根儿就不搭理我。

我又想出了一招，竖起手指，问："猜个谜，有几根手指？""一根！""这次呢？""两根！""这次要加大难度了哦！""六根！""回答正确，接下来比赛谁先到起居室，好了，开始！"然后我先跑向了起居室。

孩子们有着"我想这样做"的期待，如果让他们偏离自己的方向，往往会遭到他们的顶撞。如果大人们只展示给他们"要么与所想一致，要么不同"的思维局限，他们就会选择"与所想一致"这个选项，结果便不能如大人们所愿，让大人们感到为难，甚至有时候，大人们还会生气地说："不听话的孩子是坏孩子。"

其实只要稍微调整一下思维局限，孩子们就会意外地走进这个思维局限。在刚才所说的筷子的例子中，如果我马上把女儿的筷子递给她，她也许会大发脾气道："我是让妈妈帮我拿！"因为女儿的思维局限是"妈妈或爸爸帮忙拿"，所以，当现实与她的愿望不一致时，她就会感到生气。

而我只需要故意拿错筷子，将女儿的思维局限偏移到"猜猜哪个是自己的筷子"的思维局限（游戏）中即可。这样一来，女儿就不会再纠结于之前"我没有拜托爸爸，而是拜托妈妈"的思维局限了。结果便是，无论谁递给她筷子都无所谓，因为她已经热衷于猜对哪个是她自己的筷子的游戏了。

叫孩子吃饭的例子也是一样，如果受限于"要继续玩还是吃饭"这个思维局限，孩子当然会选择继续玩。虽然看似有点儿绕弯路，通过增加一两个比如猜有几根手指的游戏，以及随后的看谁先跑到起居室的比赛这样的思维局限，就能够很好地让孩子的思维局限过渡到"向起居室移动"。

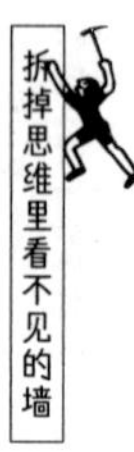

当孩子不听话时，就想出一两个思维局限，并设法将他们诱导到这些思维局限中。当遇到那种玩乐至上的孩子，中断他们的游戏就成为一件伟大且严峻的事情。不要让他们在“要不要玩游戏”这种紧张的状态中做选择，而是带着新的思维局限，问他们“是要在那边玩，还是在这边玩”，这样诱导往往会比较顺利。

与成年人严肃交涉

对成年人来说也是一样的，当要与下属或交易对象进行比较严肃的交涉时，不要一上来就谈严肃的事情，而要先聊一些无关痛痒的话题缓和一下气氛，效果也许会好很多，这也可以称得上是一种穿插思维局限的技术。适当地添加一些可以作为缓冲的东西，这一方法适用于任何年龄的对象。

如果下属有些固执，不肯听你的话，也许是因为下属的思维局限与作为上司的你所采用的思维局限之间存在着断层，这使其在心理上产生了较强的抵触。

这时，他可能陷入了像我们要求孩子选择“玩或者不玩”时一样紧张的心理状态里了。

在这样的情况下，不要试图将自己的思维局限一步到位地灌输给他人，不妨穿插一些其他思维局限作为缓冲和过渡。听一听下属的想法，引导他从自身的思维局限出发，过渡到可以从这一思维局限自然联想到的下一个思维局限。就这样，通过穿插多个思维局

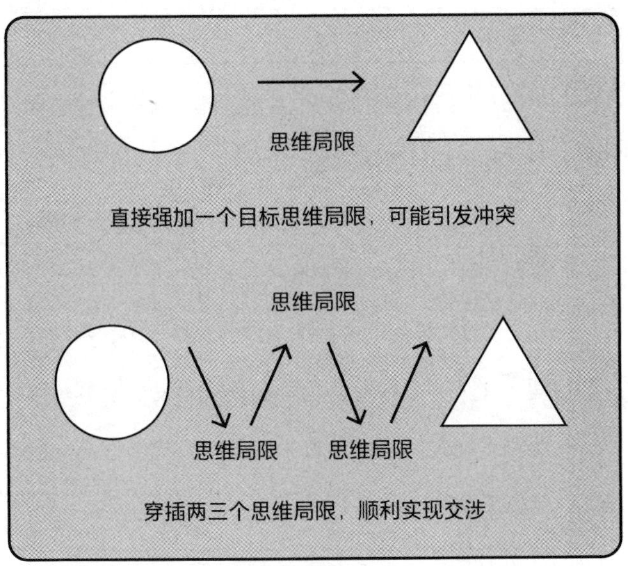

图 9　比起一步到位地偏移思维局限，不如穿插多个思维局限

限，将其引导到你作为上司所采用的思维局限中来。

如果你能够不厌其烦地按照这套程序交涉，下属就更加能接受你的观点，也更加愿意将你交代的事当作自己的分内之事积极完成。强行命令下属抛弃自己的思维局限，转向上司的思维局限，结果往往不能如愿。而比较容易令人接受的是，通过穿插几个思维局限的方式，避免直接在跨度较大的两个思维局限之间转换。

小结

· 人们总是难以从现在的思维局限一下子转换到其他的思维局限上去。

· 通过穿插一两个令人感到愉悦的思维局限，自然地让对方的思维局限出现偏移。

· 若你想让对方也采用你的思维局限，不妨穿插上几个可以由对方的思维局限出发自然联想到的思维局限，以这种方式引导对方转向你设立的目标思维局限。

转换方向与重心，选择比努力更重要

曾经有段时间，《入殓师》这部电影很受欢迎。电影由原著《入殓师日记》改编而成。所谓入殓师，指的是那些以清洗死去之人的尸体并将他们安置于棺木之中为业的人。

《入殓师日记》的作者说，当他告诉众人自己在做这份工作时，有亲戚直接与其断绝了关系。当时，没人愿意做这样的工作，大家都觉得从事这样的工作是一件丢人的事情。

而作者却认为，既然反正都要做这份工作，不如

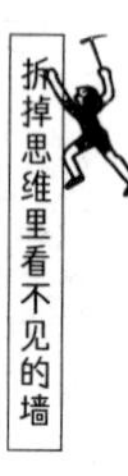

下定决心将这份工作做好。于是他便穿着一身白衣，认真、温柔地帮逝者清洗遗体，用心地将遗体安置于棺木之中。后来，出现了一位老人，向其请求道："我死后，可以请您帮我操办入殓事宜吗？"老人虽不是僧侣，但他一边说，一边双手合十，拜了几拜，颇为虔诚。

作者并没有因为"反正工作对象都死了""反正这是一份被人们瞧不起的工作"而有丝毫懈怠，而是以"反正都要做，不如把它做好"的态度用心将工作做好，凭一己之力扭转了人们对这份工作的看法。近来，人们对这份工作的评价逐渐提高，正如开头所提到的，人们甚至还围绕入殓师这一职业拍了电影。

日本阪神大地震❶时，我参加了当时的义捐活动。地震发生在一月份，当时天气还很寒冷，万幸从全国各地送来了大量的毛毯，但其中也有不少是很破旧或者很脏的、准备扔掉的毛毯，受灾者们当然还是

---

❶ 发生于1995年。

希望能够用上新的毛毯。

不过，虽说是用过的旧毛毯，有些甚至比新品更受欢迎。这些受欢迎的旧毛毯中大都夹着这样的字条：“非常抱歉，这是一条旧毛毯。为了您能用得开心，已经晒了三日。如果您不介意的话，请尽情使用吧。”

大概是因为大多数的毛毯都散发出一种“反正都这么冷了，就算是旧的，有的用也不错了”的冷漠，而这些夹着字条的毛毯便令人感受到一种“尽可能想让您愉悦地使用”的用心吧。

抱着“反正”的心态不满地对待，也就只能破罐破摔了。但若能将心态转换为“反正……那干脆”并用心对待，那么这份被你认真对待的工作，在周围的人看来也会闪闪发光。

譬如护士的工作，也是同样的，通过将心态从“反正”转换到“反正……那干脆”，那么护士的工作也能够受人尊重。

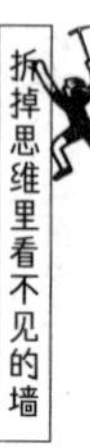

南丁格尔[1]时代之前的护士，若是看到患者因排泄弄脏了衣服，大都不给他们清洗更换，对患者的态度也非常轻慢。而南丁格尔却认为“反正要干这份工作，那干脆好好做”，于是她下定决心要给患者一个舒适、卫生的环境。通过她的努力，不仅使护士这个职业变得受人尊重，而且大大降低了患者的死亡率。这是因为，抱有“反正患者要被血、呕吐物之类的东西弄脏”这种想法的护士，将患者置于肮脏的环境中不管不顾，从而引发二次感染，导致患者死亡；而抱有“反正要干这份工作，那干脆好好做”的想法的护士，为患者打造了一个非常卫生的环境，从而防止了二次感染的发生。

通过从“反正”这一思维局限转换到“反正……那干脆”的思维局限，可以让很多工作产生质的变化。

---

❶ 南丁格尔（1820—1910），英国护士和统计学家，世界上第一个真正的女护士，开创了护理事业。

小结

· 对于用“反正”的心态看待的商品，将其重新置于“反正……那干脆”的思维局限下，让其重生，便有可能成为划时代商品。

改变使用场合

“换位法”也是一种转换思维局限的方法。有些看似平凡的商品或者服务，只需稍微改变一下使用场合，就能瞬间改头换面、散发魅力。

过去，虽然推出了能够简单制作切丝海苔的剪刀，但并不太受欢迎。仅仅将其改名为“碎纸剪刀”，并摆放到文具区，它就成了火爆的明星产品。碎纸剪刀的刀身带有很多刀刃，这与此前的切丝海苔剪刀并没有什么区别，也就是说，仅仅改变商品的名称和售卖场所，就能正确地传达出商品的魅力所在，激发其成为爆款商品的潜能。

农业中也有类似的现象。番茄花无法吸引蜜蜂，于是需要对其人工授粉。加之有人注意到，利用电动

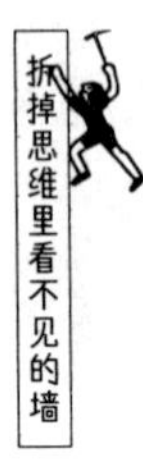

牙刷震动来人工授粉非常方便，于是授粉专用的电动机投入生产并大受欢迎。

抛弃“这个商品要在这个场合使用”的思维局限，仅从功能层面挑出“能震动”这个特点，通过探索这种功能能够发挥效能的其他场合，也许便能创造出意想不到的新产品。

小结

・抛弃“这个商品要在这个场合使用”的思维局限，着眼于商品的性能，探索此性能能够适用的其他场合，也许便能创造出意想不到的新产品。

增加优点不如减少缺点

在成吉思汗统治的时期，时任宰相的耶律楚材曾言：“兴一利不如除一害。”此言流传后世。也就是说，与其开创一项有利于民的事业，倒不如努力革除一项有害于民的恶政更有益。

日本社会目前正处于各种细枝末节的规则极速增长的时期，为了避免发生不必要的案件或事故，于是以防范于未然为由，对各种事项加以禁止。这样一来，规则和对策便无限地增多，多到遵守不过来，甚至没有余裕正常工作。现在的日本需要的不是制定新的规则和对策这种“兴一利”的事，而是要仔细考虑已有的规则和对策，既要使人们能够很容易遵守，又能将案件和事故的发生率控制在最小限度之内，在既有的法律规则中做好取舍抉择，提高裁量权和自由度。也就是说，“除一害”才是当下应该重视的事情。

恐怕秦始皇在统一六国之后之所以不断增加法律规则，是认为这有利民生，只可惜最终事与愿违。现在的日本社会，针对校园暴力、虐待、劳动安全等问题不断地出台各种规则和对策，说到底，这些规则和对策也都是从防止悲惨事件或事故发生的善良目的出发而设置的。

虽说是出于善意，但能不能解决问题却又是另外一回事。不如试着从“兴一利”的思维局限转向“除一害”的思维局限。

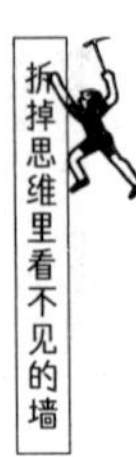

追求适当的规则和对策始终是职场中无法绕过的课题。如果不能停止一味“兴一利”的做法，最终大抵会像秦朝一样走向灭亡。

小结

· 与其制定新的规则，将过去的规则归纳整理的效果更好。

· 与其培养新的优点，不如改掉一直以来的缺陷。

让规则服务于使命

据说联合国难民事务高级专员绪方贞子非常重视使命。她在探望难民时，看到难民们身处苦难之中，面对由于此前一直囿于规则而无法对难民展开施救的情况，绪方贞子表示：“只要将规则按照符合使命的方向进行变更即可。”

绪方贞子认为，联合国组织本身就是为拯救难民而存在的，自己制定的规则却阻碍了拯救难民的行动，这是本末倒置的。于是，既然由于过去的规则无法实现现在的目的，就应该接纳新的智识、观点，修正这些规则，从而使它们能够适用于现在的场景。于是，绪方贞子将这一想法付诸实践。

规则，可以说是组织开展职能活动的指南。然而，若是这个指南（规则）并不符合现实，就会出现这样一种奇怪的现象：无法通过遵守规则完成使命。这种时候，聪明的做法便应该是从“遵守规则”的思维局限转向“应该优化规则以完成使命”的思维局限。

相较于完成使命，个性认真的人总更倾向于优先遵守规则。他们将遵守规则看得过重，无论如何也不愿越雷池一步。但是，作为组织的领导者，一旦注意到现有的规则无法很好地完成使命，则应该像前述“兴一利不如除一害”的原则一样，及时修改规则。

还应当注意的是，爱耍小聪明的人也会假借使命之名，动辄破坏规则。这种人最令人头疼，这种情况往往使得树立使命的方式变得困难，很可能会脱离“大家共同开心地生活”这个思维局限。

规则本身应该被遵守，只是当遵守规则与实现使命之间出现矛盾时，有必要通过集体合议对规则进行修正和优化。

一味地遵守规则会无法完成使命，一味地推崇使命又会滋生任性，不把规则放在眼里。或许我们需要的是“追问使命，追问规则”这样的思维局限。

小结

- 要把使命和规则时刻谨记心间，不断追求大家都能够接受的使命和规则。同时，不要轻易地否定过去的经验和智慧。
- 如果规则与使命之间存在矛盾，不妨考虑改变规则。
- 规则，是大家共同完成使命的指南。

从辩论到立论

我年轻时喜欢看田原总一郎[1]主持的朝日电视台

---

[1] 日本政治新闻评论家，自由传媒人。

的节目《直播到早上》，节目中经常会讨论的一个话题是“日本人不擅长辩论”。政治家虽然擅长演讲，但当他们的评论受到质疑时，很多人会拿“世间万象并不都是非黑即白的”这种说辞来搪塞。

这种情况发生巨大改变的契机是互联网时代的到来，特别是“2channel”[1]网站的出现，使得驳倒对方的技术条件有了大幅提升。尽可能地弱化自身的缺点，放大对方的缺点，对犀利的评论佯装不知，若是对方畏缩不前，则进行追问：“是不是自知理亏，不敢再辩了？”总之，互联网的出现让很多人学会了在辩论中驳倒对方的方法。

但正如大家所感受到的那样，辩论具有很强的攻击性，因而很难提出建设性的意见。虽然辩论对于让对方闭嘴很有效果，但若是想以此建立新的想法，结果往往不太如人意。比起辩论，汲取对方的想法也许

---

[1] 日本最大的匿名论坛网站，板块内容包括普通的新闻快报、政治、经济、体育、计算机、兴趣爱好等，十分广泛。

更能打开新世界的大门，若是仅仅因为对方的想法中有一些不中意的地方便对其全盘否定，这其实是非常遗憾的。

我认为，人类的辩论技术真正得到精进，还是在中世纪的欧洲。那是一个受基督教支配的时代，滥刑、审问也被允许。当时，为了抉择出正统的统治力量，各界进行了广泛的辩论。当时，大家致力于抨击对手的弱点，驳倒对手的技术也得到迅速的发展。正统派只有一个，也就是说正确答案只有一个。这种思维方式下最需要精进的便是辩论的技术，正如辩论二字的字面意义❶那般，“讨伐对方的论点”这项技术便得到了磨炼和精进。

英国思想家约翰·斯图亚特·穆勒认为，没有人拥有绝对正确的真理，大家都只是掌握着部分正确的知识，因此彼此之间有必要各取所长，而不应片面地抨击与自己相左的意见。这便是其所提出的自由论的

❶“辩论”一词在日语中写作“討論”。

思想——正是因为存在丰富多样的意见，才会有新的发现和进步的可能，这种思想可以说奠定了现代民主主义和科学的基础。

认为对方的意见有误就要将其驳倒的辩论并不可取。穆勒提出的自由论的重要意义就在于让我们意识到，正因我们都是不完整的人，因此各取所长才能得到更加完善的知识，要有意识地进行这种“讨论”而不是“辩论”。当今时代，我们应当摒弃某一方中一定会产生正确答案的思维局限，认识到任何一方都不知道完全正确的答案，从而取各方所长，一起展开探索更加接近正确答案的讨论。

卡尔·波普尔把与穆勒极其相似的思维方式运用到了科学领域。波普尔的有趣之处在于，他提出了“只要可以用证据进行证明，就可以大胆提出自己的主张”这种进行反证的可能性（证伪科学观）。

没人敢说自己的观点完全正确，但至少要做到“如果满足这一前提，自己的主张就是正确的”的程度。如果前提被推翻（反证），自己的主张便也不成

立了。所谓观点，大都具有这样的特点，因此必须做好应对反证可能性的准备。

反过来说，当他人提不出反驳或无法进行证伪时，这一观点也就成为勉强可信的科学，不需要再被怀疑了，也不需要再用笛卡尔的怀疑论进行没有结果的检验。

波普尔的提案被科学领域所认可，作为建设性提案被广泛采纳。不过，过去那些在科学领域小有名气的权威人士倒是一副傲慢的姿态，一旦发现年轻学者挑自己研究成果的毛病，很多人就会以教训的口吻训斥他们："你认真读了我的研究吗？明明学问不怎么样，倒是挺敢说大话啊。"

但随着波普尔提案的进一步普及，有再高建树的人也必须要经受反证的检验。如果有年轻人提出了反证，之前的假说就会被全部撤回。这样一来，讨论这项行为就开始发挥建设性的作用。

既是交谈，如果一味拼命地讨伐对方的论点（辩论），并不会产生任何效果。相较之下，建设性的交谈或许更为可取。不过，人们时常混淆“辩论”与“讨论”这两个词，即使采用“讨论”一词，也时常被认为是辩论。所以，实际的情况是，大多数人将讨论视为辩论的一种表现形式，因而十分抵触。

因此，我建议采用“立论”这一概念。对着铁锤抱怨“你连木头都砍不断吗”是一种辩论，但不会孕育生产力；对锯子吼“你连一枚钉子都敲不进去吗”也是无济于事。不如发挥铁锤能敲钉子、锯子能锯木头的特点，一起使用它们来建造房屋，这才具有建设性。此处所说的“立论”，就是抱着发挥事物各自长处的态度所进行的交谈。

即使存在不同的意见，也应该欣喜于这种意见为我们提供了不同的视角，从而抱着激动的心情构建新的想法。

有一个有名的典故“盲人摸象”，讲的是盲人们实际上各自只摸到大象身体的一部分，当被问及所摸为何物时，触尾者言如绳，触耳者言如箕，触鼻者言如杵，触脊者言如床。若让他们展开辩论，其中声音

最大、最善于强词夺理之人也许会驳倒众人，得出“他们所摸的东西就是绳”的结论。

但若有人能够提出“我们触摸的是同一事物，不如一起展开思考”，进而将众人口中的特点进行汇总整理，这种思考可以说是上升到了一个新的层次，最终也许会得出“这就是传闻中所说的象”这一正确结论。

将彼此掌握的片面知识整合，从而进一步接近正确答案的方法，正是科学发展的不二法门，同样也是民主主义所采用的方法。将能够得出建设性结论的讨论称为“立论”，将彼此拥有的片面知识整合后，下一步便是在得出更多、更准确的知识上下功夫了。如果大家都能将自己的思维局限调整成这样，就能够从“辩论”这种只讨伐对方观点而无法有效沟通的状态，转换到大家合力探索新的解决方法这一新的高度上。

小结

· 不要采用“辩论”这种一味讨伐对方观点的方式，而要采用整合双方意见的“立论”这一思维局限。

· 当多数人各自掌握着知识，想要创造新的思维局限时，必不可少的就是立论。

不按常理出牌，打破既有的预判

思维局限总是束缚着身处其中的人，拥有使他们无法动弹的力量。这时，重要的就是打破周围环境，也就是打破支配着自己或他人的思维局限。

下面将通过历史上有名的事件进行介绍。

土包子侍卫

萨长同盟是明治维新的原动力，而萨摩藩和长州藩正兵戎相见，双方打得不可开交。让这两支力量结为同盟就如痴人说梦一般，但坂本龙马成功地使这两支队伍合而为一。

最初，两藩都对结盟的事情闭口不提。萨摩藩认为己方占据优势地位，没有必要央求对方结成同盟；而长州藩因痛失同伴，心怀怨恨，自尊心也不允许自己做出求和的举动。就这样，双方一直僵持不下。

令人紧张的沉默还在继续，突然从长州藩的席位间传来骂萨摩藩的话语："这群土包子的侍卫竟敢……"虽然声音很小，但由于场面过于安静，这句话便回荡在人群中间。

这样一来，谈判多半会就此决裂，人们都料想萨摩藩会大怒，长州藩也会一边嚷着"见鬼去吧"，一边愤然离席。

"哈哈哈！土包子侍卫！这个称呼也太好笑了吧！哈哈哈哈！"坂本龙马放声大笑，两藩目瞪口呆。

这下，萨摩藩和长州藩都没心思生气了，若是萨摩藩对龙马大笑的事情一本正经地生气起

来，反倒显得孩子气了，而长州藩也不好再说什么坏话。龙马的大笑让两藩之间复杂的拘谨和嫌隙消散，顺利地转向“若是继续僵持，反倒显得孩子气了”这一思维局限。

西乡隆盛[1]顺着龙马的笑，自己也笑了起来：“可不是嘛，我们大概是芋头吃多了吧。”以此打破了双方之间的拘谨。长州藩也因自己说了萨满藩的坏话而感到羞愧，便不好再拘束着。接下来，双方的同盟事宜也很顺利地进展下去了。

在商务场合也时常发生着交涉。如果双方之间互有嫌隙，保持拘束，不妨试着将彼此间的嫌隙一笑置之，从而打破支配着大家的这种气氛环境（思维局限）。

下面，想给大家介绍一次让我印象深刻的打破思维局限的切身体验，是我的个人经历。

我曾经为大学里迷路的韩国留学生指过路，以此

---

❶ 日本江户时代末期(幕末)的萨摩藩武士、军人、政治家。

为契机与其成了好友。一日，同在大阪的小酒馆里喝酒，旁边一副混混模样的人也许是从他不太熟练的日语中察觉到他是韩国人，便开始找碴，嚷嚷着："我最讨厌韩国人了！"

留学生一下子被点着了似的站起身来。我是大阪人，所以一看就知道那人是小混混，但是留学生并不知道。如果和他吵起来可就糟了，对方可不是好惹的。我从背后遏制住留学生，阻止他一时冲动，但小混混丝毫没有停止挑衅，依旧不停地嚷嚷着"我最讨厌韩国人了"。

令我意想不到的是，留学生给我使了个眼色，示意我松开他。他想干吗？我缓缓地松开了手，他突然走到小混混面前，对他说："你可真不讨人喜欢！"哎呀，吵架一触即发！

正在小混混准备与留学生开吵时，留学生一屁股坐到他旁边，说道："老板娘，来瓶啤酒！"老板娘一时没反应过来，愣了几秒后，马上递给他几瓶啤酒。留学生一边说着"你这人真不讨喜"，一边给小

混混倒起了酒。

言语上针锋相对地表达不满，行动上却亲昵地给小混混倒起了酒，留学生的举动着实使人困惑。而且，在对方明摆着随时可能动手打人的情况下，还坐得离他那么近，实在让人捏了一把冷汗。

也许是为了保持体面，小混混又对留学生说："我虽然讨厌韩国人，但你还不错。"于是留学生站起来给了他一个拥抱："这下我们就是朋友了。"面对这突如其来的拥抱，小混混再次大吃一惊，不得不拍拍留学生的肩膀，对他的热情给予回应。

留学生向我眨了眨眼，回到我旁边的位置上。

这位留学生，虽然只比我大两岁，但是他读的书比我多出许多，精通日英双语，甚至对吵架的诀窍都有心得。与其说他让小混混感到惊讶，不如说是惊艳了我。

正是以此经历为契机，我开始思考打破气氛环境、打破思维局限的方法。老实说，我其实是感觉到自己在人格魅力上完全输给了这位留学生，就算现在遇到这种事，问我能不能像留学生那样采取行动，我想我依旧做不到吧。即便这样，我还是希望自己能够朝着这个方向去努力。

留学生面对小混混给出的“如果对我的挑衅感到愤怒，那就让你尝尝拳头的滋味”这一思维局限，先假装真的生气，走到小混混的身边，再向其显示亲昵之情，通过这一方法打破原本的氛围，完美地控制住了事态。

这种方法无论对大事、小事都非常有效。被上司诘问时，被人投诉且对方提出无理要求时……这些场合中，都存在既能保持对方体面也能不失己方体面的打破思维局限的方法。

通过在脑海中反复模拟，掌握打破思维局限的方法吧。

小结

· 通过一笑置之、不按常理出牌的行为，可以打破禁锢住该场合中所有人的气氛环境。

· 嘴上针锋相对地反驳，行动上却显示出一些亲昵之感，这种方法能使对方认为你是一个有气度的人。

设计评价基准，让人主动采纳

像我这种不机灵的人，会倾向于认为自己面对思维局限时总是会束手无策。

其实，我们可以自主设计并提出思维局限，还能够将自己和周围的人都拉入这个思维局限之中。

在此，就让我们共同思考如何设计出这种思维局限吧。

提出评价基准

很久以前，有一种将字打印在纸上的机械打字机，这种机器在人们的日常生活中运用广泛，普及度非常高。据说现在电脑的键盘排序也完全沿用了打字机的键盘排序。

之后，又诞生了一种文字处理机。在诞生之初，人们对它的评价并不高，寥寥16个字排在一起就会乱码，打印起来也特别耗时。相比较之下，打字机不仅在打字速度上遥遥领先，打印出来的字也干净整洁。但最终文字处理机还是以席卷之势普及开来，因为打字机只能打印英文字母，但这种文字处理机可以打印汉字。人们评价的基准也从“干净整洁地打印”转变到“多功能打印”，机械打字机最终也被文字处理机所取代。

在文字处理机的鼎盛时代，电脑横空出世。同样地，比起文字处理机，电脑不免显得有些逊色。文字处理机是自带打印装置的，但电脑必须要另行购买打印设备，而且打印设备的价格还很高。但最终电脑还是取代了文字处理机，因为文字处理机很难做到与数码相机、扫描仪等设备连接，当然也不能连接互联

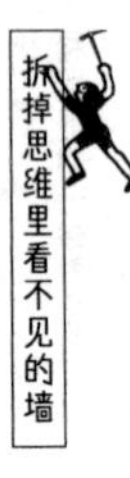

网。这时，人们评价的基准又从“多功能打印”转向“可以与多种设备连接并能够连接互联网”。结果不言自明，电脑很快在销售市场上取得了压倒性胜利。

当电脑处于鼎盛时期时，智能手机闪亮登场。虽然电脑能够享受联网的乐趣，但是使用电脑的场所是相对固定的，而智能手机则不论何时何地都能联网，有着无所不能的高性能。在这一点上，电脑是无法与其匹敌的。这种“无论何时何地都能轻松上网”的评价基准可以说是智能手机在商业市场上大获全胜的秘诀。

有意思的是，随着智能手机的不断普及，当初如连接打印机等难以实现的功能现在也有了实现的可能。通过语音识别，手机能够以非常快的速度进行文字输入。手机的照相功能不断完善，直接导致便携式数码相机的滞销。电脑的性能基本上可以说完全被智能手机（或平板电脑）所代替了。

新商品在诞生之初，其性能看起来总是比原来的商品拙劣。这种现象在《创新者的窘境》（克莱顿·克里斯坦森著）中有所介绍。如果用过去的评价基准进行评价，那些具有划时代意义的新产品与过去的商品相比，总是相形见绌；而具有划时代意义的产品，却提出并实现了更新评价基准的任务。具有划时代意义的产品所必备的是能够提出新的评价基准的能力，而不是在过去的评价基准中是否优秀。

即使与现在的商品相比性能上略微逊色，但只要创造出能获得更多用户的新的评价基准，便能占领市场，其性能在之后也自然会得到提升——这是从打字机到智能手机的发展历程带给我们的启示。

农业发展大概也是如此。以土壤分析为例，一直以来的土壤分析总是追求分析结果的准确性，而得出结果至少需要一个月的时间，且对一个样品进行分析的花费也高达数千日元。

如果有方案能够将评价基准从“准确性”转向“高效、便宜”，那么这个方案就很有可能大受追捧。由于耕地非常广阔，想要知道土壤的品质，就不能仅仅对一处的土壤采样，而是要对多处的土壤采样才能

得出结论。

我们人类总是容易被过去的评价基准（思维局限）所支配，不知不觉中倾向于用过去的评价基准来评价新的产品。然而，就像《创新者的窘境》中指出的那样，这样的做法使新产品、新服务在旧的评价基准下常常显得性能拙劣，于是往往被打上负面标签，落寞退场。

新产品能够创造出新的评价基准（思维局限），例如在音乐鉴赏中，我们都很熟悉随身听的发展历程，随身听推翻了“音质”这一旧的评价基准，提出了“能够不受场所限制地听音乐”这一新的评价基准，并大肆流行。在爆发式普及后，随身听在音质上得到了飞跃性的改进。也就是说，处于劣势的性能可以在之后得到改善。

不要用过去的评价基准对新产品、新服务进行性能上的评价，而是要看新产品和新服务是否提出了新的评价基准，这可以称得上是设计思维局限的方法之一。

小结

・要生产新产品，就要让新产品提出新的评价基准。

・当对新产品进行评价时，不要采用过去的评价基准，而是要看它是否能够提出新的评价基准。

设计很酷的思维局限

千利休作为日本美学意识的创始人广为人知。其实，在千利休的时代还没有“风雅”“闲寂”这样的词汇，只是与同时代的霸主丰臣秀吉[1]喜爱穿金戴银的奢靡之风相比，千利休爱好素雅的设计，并将这种设计反映到其所确立的茶道上。于是，这种雅致的设计在日本人心中开始被视为很酷的设计。

我的一位韩国留学生朋友曾经说想要一套餐具，我便送了他一套信乐烧的素陶器（不挂釉、低温烧成的陶器）。他收到时，虽向我表达了感谢，但神情有些异样。原来，从30年前的韩国的价值观来看，这

[1] 日本战国时代（1467—1615）著名的政治家。

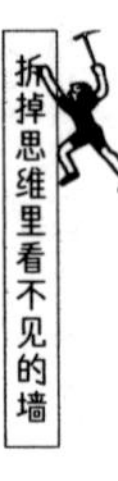

种素烧陶器只作为花木的盆使用。以韩国曾经的文化品味来看，他们欣赏的是那些有挂釉或是漂亮彩绘的餐具，所以当时似乎还不太能够理解日本文化中崇尚发挥素材本身韵味的做法。最近，中国也开始广泛地推崇起欣赏材料本身之美的价值观，听说比较富裕的人也开始搜罗起日本的器具了。

千利休的越素雅越有魅力的思维局限所具有的划时代意义，在吕宋壶❶的故事中得到了昭示。一位名为纳屋助左卫门的贸易商人将吕宋壶献给丰臣秀吉时，千利休对吕宋壶赞叹不已，称其精巧绝伦。于是，诸大名❷纷纷想要购入吕宋壶，最终吕宋壶卖出了天价。然而，在其原产地菲律宾，吕宋壶其实只是作便器使用的普通之物。

千利休恐怕对此并不介怀，他明确地表示自己所认为的美正是如此。这一思维局限使风雅、闲寂的文

---

❶ 日本桃山时代（1573—1603）前后，船只经由吕宋运至日本的陶制壶，当时作为茶壶倍受珍视。

❷ 日本战国时代统一管辖领地的独立领主。

化贯穿了日本整个江户时代[1]，甚至在平民中也广受推崇，素雅之美这一美学意识也在日本奠定了基础。

最近，经常听到“慢节奏生活”“慢饮食”这样的词汇。大概是有人提出了这样的价值观标准：紧紧追随着社会的高速发展而进步，这固然很酷，不过，让心灵慢下来，享受生活的慢节奏的状态似乎更酷。

泡沫经济时期，人们对新的、华美的事物赞不绝口，而最近，在顾客众多的咖啡厅里，大家谈论的都是诸如“将漂流木用作门把手”“桌子选择年代久远的古物”“店铺原本是较老的民宅”“想开一家有韵味的店铺”等话题。这大概是自从有人提出慢节奏生活的概念后，有越来越多的人认为这种生活方式很酷的缩影吧。喜欢这种生活方式的人，往往环保意识较高，对大量消费保持怀疑态度，常常具有物尽其用的精神。

如果批判这过度消费的社会，让过度消费的人痛改前非，那么他们难免会失落。除了特别认真的人

---

[1] 日本江户时代，即1603—1868年。

之外，一般人很难轻易转变。相信除了我以外，应该还有很多人不再努力拥有过多的物品，认为简单认真地过好日常生活就是一件很酷的事，从而生活得更加轻松吧。

设计很酷的思维局限，让大家一起在这新的思维局限中行动并乐在其中，这难道不是一件趣事吗？

小结

· 只有个性认真的人才会听从批判并纠正自己的思维局限。

· 一旦设计出看起来很酷的思维局限，人们就会自发地改变行为模式。

从“人”到“规则”

如果在一个阴晴不定、不停换想法的上司手下工作，那将是很难的。这种情况下，你一定会想对这样的上司说：“能不能有个准儿啊！”其实，古往今来的情况大都如此，只是过去的人们并不觉得当权者变卦有什么问题，这真的很糟糕。直到很久以后，人们才发现一个新的思维局限：准确地制定规则并遵守它，这样的做法能够使国家富裕。

人们最初认识到“准确地制定规则并遵守它”的重要性的契机应该是“管仲[1]变法”。管仲提出了一个崭新的提案：法律并非只适用于平民，同样也适用于君主和贵族。人们对这样的提案闻所未闻，一直以来，就算君主和贵族擅自抢夺平民的财产，也从未受到过任何处罚，也正因如此，百姓在这种情况下很难实现安居乐业。

若如管仲改革所要求的那样，君主和贵族同样需要遵守法律，那么平民就会相信“遵守规则并努力创造财富，自己的积蓄便能掌握在自己手里”。这样一来，平民的劳动热情高涨，国家的经济迅速增长起来。也就是说，管仲将法律从欺负平民的工具转换为守护平民的工具。

管仲改革的成功成为之后的法家——信奉法律有效性的学派——诞生的契机。

---

[1] 中国春秋时期法家的代表人物。

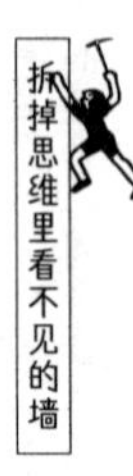

只是后来对法律的制定和使用有些过度。秦始皇运用法律增强了国力，最终统一了六国。但在这之后，秦始皇对法律的规定也愈发精细，达到了过度的程度。法律也渐渐从守护百姓的工具变异为折磨百姓的工具。过于繁琐精细的法律为百姓所恶，秦不过二世而亡。

秦灭亡后，刘邦与百姓约法三章：“杀人者死，伤人及盗抵罪。”这一精简的法律条款得到了百姓的拥护，刘邦从而得以建立了汉朝。汉朝分为前汉、后汉时期，存续了长达400年。汉王朝之所以能够维持这么长的历史，正是因为其重视并坚守“法律是保护百姓的工具”这一原则。

规则和法律，是把任何人都能接受的思维局限明确公示。如果违反法律，就要受到法律制裁；相反，若是在规则系统内部辛勤地劳作，就可以与家人一起愉快地生活。管仲设计出“只要辛勤地劳作，就能不被当权者强取豪夺，慢慢富裕起来”的思维局限以及法律条文，可以说具有革命性的意义。

法律和规则应该内在地包含有确保自由的内容。

法律应该以不给大多数人造成困扰和损害为前提，做出最小限度范围内的规定，并将这些规定明文公开，只要遵守这一最小限度的法律，就能获得最大程度的自由。这样的法律制定方式非常重要，因为这样一来，人们就会在规则之中自发地经营生活。

公司制定的规则也一样，制定规则的目的并不是束缚员工，应当设计能够让员工热心钻研工作的规则。例如，通过对俳句[1]的句式设置“五七五”的限制，反而可以欣赏到无限的表达之美。限制之中的自由对激发灵感有着不可思议的效果。

小结

- 法律原就是由当权者为了保护百姓而设计出的工具。
- 通过设计精巧的法律或者规则，就能像创作俳句一样享受到限制之中的无限自由，焕发出能不断孕育灵感的活力。

---

[1] 日本的一种古典短诗，以三句十七音为一首，首句五音，次句七音，末句五音。

利用选择的隐性压力

对于来找我的学生，我一般会给他们出一道固定的题目：“假设有一棵很碍事的树桩，如何用微生物的力量将它除去呢？”

如果对方有一定的专业知识，就会知道木材中有一种很难分解的成分（木质素）。学生们的答案往往是寻找能够分解这种木质素的微生物，从而将树桩分解掉。实际上，学界也曾掀起过一股发表此种研究的热潮。

但这种方法并不十分有效，即使是在试管中能够高效地分解木材的微生物，实际到了树桩上，因受到土著微生物的驱逐，不出三日便会踪迹全无。这种方案的增强版——通过超级微生物来解决——也不太奏效。

有一种很有意思的方法，在树桩周围撒上肥料。这样一来，不出几个月，树桩就会受到土著微生物的攻击从而腐烂。

此方法的原理何在呢？实际上，肥料中基本含有除碳元素以外所有的养分，因此，土著微生物只要能够得到碳元素，就可以身处于应有尽有的养料乐园中了。在这样的环境下，土著微生物就像患上了“碳元素缺乏症”，很快它们就发现树桩正是碳元素的聚集地。于是，为了帮助大家（土著微生物群体）从树桩中获得碳元素，那些擅长分解的微生物开始努力工作。同时，为了支援这些负责分解的微生物，从肥料中运输养分的微生物也开始现身。也就是说，整个生态系统都开始朝着分解树桩的方向努力。

这一方法也曾运用于油轮的触礁事故。当岩礁上沾满石油时，只要撒上肥料，石油就会被快速地分解掉。原理同上，即缺乏碳元素的土著微生物们，开始着力于分解石油，以求得到其中蕴含的碳元素。

我将这种通过设置欠缺状态，从而设计出能让集体为了填补这种欠缺而行动的环境的方法称为“选择的隐性压力”。这种方法不仅对微生物有效，对人类，甚至是对分子的行动也同样有效。

这便是俗语所讲的“千里之堤，溃于蚁穴”的现

象。哪怕在大坝上开一个蚂蚁洞那么小的缺口，水也会从这里涌出，最终大坝也会决口。水分子也一样，在受到周围的力量压迫时，如果有某处的压力比较小，水分子就会从这个压力小的地方喷涌而出。无论是人类、水分子还是微生物，在受到隐性压力时会采取集体行动这一点上，是非常相似的。

很多家长会运用与这种思维局限类似的方法督促孩子学习——不准看电视，不准玩游戏，不准与朋友玩，可以不做家务，只要学习就行——生活中偶尔会看到诸如此种通过密织包围网强迫孩子学习的案例。职场中也有一些通过设置各种规则或以工作定额的方式束缚员工、逼迫员工工作的公司。

但是，想要让“选择的隐性压力”发挥效能，还有一个前提，即全体成员需要在愉快且充满活力的自由状态下工作才行。对水下命令，或是对水拳打脚踢，要求它形成球状或棱角分明的四边体状，水都无法形成那样的形状。想要水呈现出期待中的形状，只需要准备一个圆柱形的或是四方形的器皿，接下来就等待着水自发地运动即可。

无论水分子、微生物还是人类，都是希望快乐富足地生活着的群体，因此，“选择的隐性压力”需要朝着快乐、充满希望的方向设计。人们总是会朝着带来快乐且拥有自由的方向前进，一味地逼迫孩子学习，很可能会让他们走向厌学的道路；一味地要求员工辛勤工作，他们会因受不了而跳槽。总之，逼迫他们进入一个感受不到开心的状态，这是不行的。在规则和框架之中，还应该做一些可以享受自由的设计。需要明确的是，如果一个思维局限可能损害到你的心灵或者健康，大可不必顺从。

小结

·不必顺从侵蚀健康和心灵的思维局限。

·为了触发集体行动的隐性压力，应该设计成能够使人感到快乐的形式。

懂聆听，会提问，创造全新想法

有人因公司里发生了讨厌的事而大发雷霆，并分别找了两个性格迥然不同的人商量。

当第一个人问他情况时，他不断地想起了各种令人讨厌的事情，捶胸顿足地大声骂道："那家伙！"甚至连倾听者也受到波及，被他攻击道："你根本就无法体会我的痛苦！"明明对方只是在倾听他说话，可他根本没能冷静下来，情绪明显更加激动了。

这时换另一个人问他情况。另一个人一边听一边说："这样啊，你是这么想的啊。""说起来，那会儿我碰上了这样一件事……”“不过，对方肯定也闹得不开心吧。”对他表示了理解。最后，愤怒者终于冷静下来，露出了明快的笑脸：“谢谢，我再仔细想想。”

我在一旁目睹了一切，不禁疑惑这二人的对话方式究竟有何不同。后来，我注意到前者仅仅是倾听，而后者却会穿插一些提问。

第一个交谈者只是倾听，并未走出愤怒者的思维局限。于是，愤怒者的愤怒之情也丝毫未得到任何削弱，这场谈话只能在愤怒之火的持续燃烧中结束。

第二个交谈者并不只是倾听，而是从对方所述内容中提取关键词，并针对这些关键词适时地提问：“他那时是怎么说的？”“他为什么会这么说？”“对此你怎么看？”“若是下次再发生这种事儿，你觉得怎么做比较好？”通过从对方讲话的内容中提取关键词，针对事件进行具体的提问。这样，通过对一个接一个的关键词不断地联想，对方会慢慢从愤怒的思维局限中脱离出来。通过不断的联想，可以从之前的思维局限中脱身，注意到其他思维局限的存在。

两个交谈者还有一个不同之处。

第一个交谈者，没有顾及愤怒者的思维局限，而是从自己的价值观（思维局限）出发，对生气的人进行如下评价：“这种事儿经常发生。”“要是因为这事儿生气，岂不是要没完没了地纠缠下去？”因此，本就满腔怒气的愤怒者才会迁怒于他：“你根本无法体会我的痛苦！”也就是说，直接进行思维局限间的交锋，强行要求他人跳转到自己的思维局限中，反而会使对方更加深陷此前的思维局限而无法脱身。

第二个交谈者并没有对愤怒者表示出赞成或者反对的态度，也没有提出自己的评价标准（思维局限）。不对所发生的任何事情、行为做任何评价，而是询问对方“你怎么看”“针对这件事，你怎么想”“下次应该怎么做比较好”，通过这种方式促使对方展开思考，且不加以干涉。

与人交谈的思维局限

在与他人交谈时，不妨试着从对方的话语中选取一个关键词，针对这个关键词进一步展开深度挖掘和提问。

“你为什么选A？”“你以前对B怎么看？”“C为什么会说这番话？”……通过抓取对方讲话的细节，让对方谈论更多所思所想，并进一步从对方谈论的内容中提取关键词、展开询问。通过这种方式，能够让对方进行仅凭独自思考完全无法比拟的广泛而深入的思考，让对方意识到，那些让自己生气的事、痛苦的回忆不过是浩瀚万物中渺小的一部分。这样一来，对方便能够冷静下来了。这刚好和前述的在让目光追随光点的同时回忆造成心理创伤的事件，从而减轻创伤后应激障碍的EMDR治疗法有异曲同工之妙。

我在之前的著作中详细地介绍过这种方法，所以这里不再赘述。这种方法和苏格拉底的“精神助产术”[1]很像，对对方所讲述的内容中的某个关键词抱有兴趣，并向其提问，从对方说明的内容中再提取关键词并进一步提问，通过不断地重复这一步骤，对方的思维局限就会不断发生偏离，进而转移到从未想过的新的思维局限中去。

即使是对那些没有什么知识的人，苏格拉底也反复地在与对方的交谈中提取关键词并提问。最终，他发现，这样的做法无一例外地能够得到新的想法和主意，他便将这种方法命名为“精神助产术”。正如接生孩子的助产士一般，是一种通过提问来使思维局限发生偏移，最终创造出新的思维局限的方法。

这种技术在现代被称为“客卿”[2]，被整理为

---

❶ 指自己虽然不能生产，但可通过对话帮助对方催生出“美丽的灵魂”，将问答引导法比喻成了助产士这一职业。

❷ 客卿（Coaching）这一概念最初指马车，马车夫（客卿师）询问乘客（当事人）目的地（预期目标）后，驾车同行，使乘客顺利到达目的地。现指通过完善心智模式来发挥潜能、提升效率的管理技术。

5W1H分析法[1]。

这里，要想不陷入仅仅聆听的陷阱，还需要做一些必要的准备工作，即有意识地偏离交谈对象的思维局限。

正如本书在开篇部分所介绍的那样，若是一个人有所憎恶，那么当他想起令其憎恶的事物时，就如同憎恶的对象此刻就在他眼前一般，无法压制自己的怒火，甚至破口大骂。这种情形下，他又会被自己所说的言语所刺激，再次陷入下一个恼怒之中。

为了避免自己陷入对方愤怒的思维局限之中，一旦感觉到对方的愤怒值正在升高，便要就对方所说内容中的关键词进行提问。这样一来，对方为了针对关键词进行解释，需要消耗一些脑细胞，就无法集中精力于愤怒的"脑循环"。通过这种方法，便可使对方从愤怒的"脑循环"中抽离。

---

[1] 即对选定的项目、工序或操作，要从原因（Why）、对象（What）、地点（Where）、时间（When）、人员（Who）、方法（How）六个方面进行开放式的思考。

在多人对话中，“精神助产术”对于迸发新想法、找出思维局限非常有效，一定要多加练习并掌握它！

小结

· 不要只做一个沉默的聆听者，而要从对方所说的内容中挑选关键词，并进行提问。

· 不要在对方的思维局限中对话，要有意识地提出一些偏离对方思维局限的问题。

· 不要用自己的思维局限对他人的思维局限妄加批驳和评价。

· 不断联想一个又一个的关键词，就如“精神助产术”一般，是从无知中产生真知的方法。

第五章

用“破界思维”改善生活

前面介绍了创造、设计思维局限的方法，但即便是创造出了思维局限，如果不能付诸实践的话，也只能是画饼充饥。也就是说，想要实现新的思维局限，还需要具备一定的执行力才行。

专注于实现
一个思维局限

西原理惠子所著的《油爆老妈》中讲述了一位丈夫从完全不会做家务的状态，好似重生似的转变为一个育儿、家务样样精通的全能丈夫的故事。

据说，这位丈夫最初有在洗澡时把衣服脱掉后随便一扔的习惯，一般来说，妻子会生气地骂他："脱下的衣服至少扔到洗衣篮里！"但这位丈夫的妻子，首先从"如果你能把袜子扔到洗衣篮里，我会很开心的"开始，当丈夫做到了将袜子扔到洗衣篮里后，妻子则表示"太开心了，真是帮了大忙了！如果可以的

话，麻烦你把其他衣服也一起扔到洗衣篮里吧”。就这样，妻子一点点地增加丈夫能够做的事情。每当丈夫完成了一个小目标，妻子就做出极其惊讶的样子，并向丈夫表示感谢。就这样，妻子培养出了一个自发做家务和帮助育儿的理想丈夫。

其实，这位妻子是一名专门观察大猩猩等野生动物的生态学家。她通过观察丈夫的生活状态，发现了丈夫采用的思维局限——如果不是每次只增加一点点工作量，就会放弃。妻子就像调教动物一样，通过慢慢地增加任务，逐步实现了丈夫的自发行动。

说起来容易，做起来难。虽然心里明白要这样做，但是人们往往还是会忍不住对做不好这些事儿的丈夫发火。作为生态学家的妻子从观察的结论出发，下定决心，采取了能应对丈夫轻言放弃的这一顽固状态的思维局限。《油爆老妈》中所介绍的妻子的过人之处，就在于她能够中途忍住不生气，将慢慢培养丈夫的这一思维局限一直坚持到了最后。

我以前就在想，能不能设计一场能够实际应用于采摘番茄的机器人开发大赛。我将这个想法说给很多人听过，这种机器人只需要带有结构简单的机械臂和低造价的照相机。通过网络对机器人的行动进行控制，一天24小时中的任意时间都能实现番茄采摘。如果真的采摘到了番茄，就付给参赛者采摘费。

如果设计这样一场比赛，那么就算是因病卧床不起的人也能参与农业劳动，即便不花费高价开发人工智能系统和精巧的机械臂，参赛者也能逐渐掌握操作技巧，采摘得越发熟练。这样一来，农户们可以专注于种植管理，把采摘交给机器人大赛的参赛者来完成。这个想法似乎还可以和园艺福祉挂钩，但尚未付诸实践。包括我在内，没有人向游戏公司、机械臂生产商、农户们阐述这一想法，为实现这一想法而付出实际行动。需要有人一直坚持付诸实施，想法才能够被实现。

我有一位朋友，他在学生时代说过自己特别想去企业实习，体验一下职场生活。我和他当时都是学生，说实话，当时我觉得他的想法根本无法实现，十分愚蠢。但这位朋友坚持不懈，行动坚定。如今，企业实习已经成了所有大学都实施的项目。他的经历也让我明白，这种想要做到最后的执行力是多么重要。

同一时期，我还有三位这样的朋友，他们虽然当时还是学生，但很想成为政治家。在我看来，一没地盘势力，二没家族关系，三没其他的门路，怎么可能当得了政治家啊？但后来，这三个人竟然都至少当过一次国会议员。这不禁让我感慨，敢于说出自己的想法，并坚持不懈地努力的力量有多么强大。

也许是被这些朋友们的经历所触动，我也开始想要做点儿什么。刚进现在工作的研究所时，听说无法使用有机肥料水培，一直以来的研究人员所做的有机肥料水培实验都以失败告终。据说，一旦水中混入厨余垃圾等有机物，水就会变腐臭，腐臭的水会损伤植物的根茎，因此在这样的水培环境下无法培育出植物。

明明在土壤培育时就可以将厨余垃圾用作肥料来培养植物，所以一定有解决办法。抱着这样的想法，世界范围内的研究人员都在不断地尝试和挑战，但水腐臭的问题一直没有得到解决。NASA（美国国家航空航天局）下属的肯尼迪空间中心花费了7年时间研究“高级生保计划实验模型项目”（Breadboard project），但还是以失败告终。

我也一直在思考能不能有所突破，但没能很快想到解决方案。经过长达5年的不断思考，“日本酒的酿造方法也许能带来一些启发”。“虽说硝化菌这种微生物无法在厨余垃圾中存活，但通过减少厨余垃圾的量，硝化菌是不是就能存活下去了呢？”我不断地将这种想法细化和实践，苍天不负有心人，实验终于成功了。自140年前人们开始研发水培技术以来，有机肥料水培都被视作不可能实现的事，但我将它变成了可能，这使我备受关注。只是这个过程并非一蹴而就，这项技术的实现并非来源于瞬间的灵感或者发现，而是我通过怀揣着想要有所突破的决心，坚持不懈地思索，一点点地发现线索，一步一个脚印地取得了成功。

这种不知变通的坚持近年来被称为“坚毅”。通过总结社会各界的成功人士的共同点，我发现，他们之所以走向了成功，并不是因为他们智商高或者念书时成绩好，而是有一种不达目的不罢休、坚韧顽强的毅力。也就是说，坚毅的精神十分重要。

产生想法相对而言比较容易，但要沉下心来，坚持将想法付诸实现并非易事。比起产生大量的想法，实现其中某一个想法反而能够给社会带来更大的影响。那些最终实现梦想的人，大都是能够长久地坚持下去的、有韧性的人。

比起对想法多、能力强这样的素质进行高度评价的思维局限，对那些虽然明知有实现可能性却没有人尝试的事情敢于出手并顽强行动，对这样的特质进行高度评价的思维局限也许更能激发社会活力。本书的受众虽定位于不机灵的人，但请一定记住，世上还存在着这样的思维局限：不懂变通、较真的耿直劲儿本身也很有趣。

小结

·比起精明地穿梭于各种各样的思维局限之中，不如静下心来执着地实现一个思维局限，也许能够以此达成划时代的成就。

谁是打破舆论氛围的最佳人选

接下来的内容将围绕通过驾驭思维局限来掌控特定情景的案例展开。

接受并逆转流程

开会时，因为公司没能为客户提供约定的高品质的商品，有一个人受到了大家的责难，大家把所有的责任都推到了他一个人头上。

不过，这个人的工作内容是开发量产技术，而不是进行以高品质为目的的研究，但上司带来的是追求高品质的客户。于是，情况就演变成了大家在会议上批评开发者，把责任全部都推到他头上："没能提供高品质的商品全是你的责任。"也许是出于"为了平息客户的怒火，必须要牺牲某个人"的共识，并且自己不想成为那个牺牲者，在场的人们一片沉默。上司不断对开发者责难："那也没做，这也没做……"开发者当然无法接受上司的批评，不断反驳，但在场的人没有一个肯为其发声，可怜的开发者深感孤立无援。

会议中，一位刚来的新员工满脸惊讶，举手发言道："开发者做的是量产技术的开发研究，而上司带来的这位客户追求的是高品质。客户因为没能为其提供高品质商品而生气，是这样吗？"参会人员一齐点了点头。

"举个例子，要求开发者开发出价格便宜、以大众为目标群体的量产汽车技术，而营销人员将想要高级汽车的客户领过来，客户因为没能得到高品质的汽车而大发雷霆，这本来应该是营

销人员的责任。责难量产技术的开发者没能做出高品质产品，这实在是有点儿不合理。我感觉，反而应该由把这类客户带来的上司向开发者道歉……”

这位新员工的发言使会议室内的形势随之一变，上司们也被诘问得张口结舌。就在这时，开发者说了一句“不管了，我退出这个项目”，就冲出了会议室，没有了责难对象的会议本身也失去了意义，最终在一片凌乱中结束。

上司们以一副理直气壮的样子对新员工发火，并威胁他道：“竟敢说这种话，你要是被开除了，可别有怨言。”新员工假装糊涂地说道：“如果像那样批评他，开发者肯定无法接受，而且如果处罚他的话，还会招致他对大家的愤恨，这对大家都没什么好处。我想，开发者心里肯定明白，自己将不得不从这个项目中被除名。将责任人除名，能给客户一个交代，虽然上司们现在有些难堪，但好歹也算是给事情做了一个了结。

不过，我作为一个新员工，不是很清楚事情的原委，要是有什么误会，还请您见谅。”

上司们冷静细想来，确实如其所说，由于新员工不清楚事情原委，便不再对其多加责难，对开发者也仅训斥其“不该中途退会”，便将事情了结。对客户则称，已经换掉了负责人，以此寻求谅解。

在这个案例中，新员工首先阐明会议中正在讨论的思维局限，在得到大家的点头确认后，又以汽车的比喻给这一思维局限添加上了新的解释。

如果只谈论实际发生的事情，人们会对其抱有各自的想法，容易感情用事。举例说明的方式具有冷静客观地展现事物全貌的效果，这和晏婴所举的枸橘和柑橘的例子有着异曲同工之妙。

在本为了责难开发者的会议上，新员工使会议的气氛发生逆转，使上司成为可能被责难的对象，这样的做法当然容易招致怨恨。但新员工的聪明之处正在

于，巧妙地利用了“自己是不了解情况的新员工”这一思维局限，假装糊涂地将心中所想和盘托出，通过这种行为，创造了“责难一个不知事情来龙去脉的新员工并不厚道”的思维局限，巧妙地避免了招致上司怨恨。撤掉开发者的负责人头衔，也算是给了客户一个交代。而从开发者的立场出发，虽然只是一个新员工，但至少有人能够理解自己，这样想来也能够平息怒气。最后，只要上司能够对这些许的难堪加以隐忍，就万事大吉了。

这个案例和前面提到的《皇帝的新装》的故事非常相似，若是大人敢说“皇帝没穿衣服”这样的话，很容易引来杀身之祸，与皇宫有交易来往的人更是如此。也就是说，虽然大家都知道皇帝并没有穿衣服，但也只能闭嘴。

但若是个孩子指出皇帝没穿衣服，情形则大不相同。这时候，大家容易采用“跟一个孩子较真、生气，是不成熟的”这一思维局限。

改变气氛，使思维局限偏移的最佳人选，往往并不是当事人，而是假装没搞清楚状况的第三方，例如促成萨长同盟的坂本龙马就是这里所说的“第三方”。萨摩藩和长州藩作为当事人，只要一想到过去发生的事情，就控制不住地感到恼怒。而并非当事人的坂本龙马仅凭几声大笑，便让当事人意识到“此前的意气用事是多么的不成熟”，从而能够冷静下来。

要明白，使思维局限偏移、打破气氛环境的人选，有时候比起对事情的来龙去脉了如指掌的当事人，从因为不是当事人，所以对事情的来龙去脉并不十分清楚的第三方立场出发，也许事情的进展会更加顺利。

小结

· 比起当事人，做出一副不了解事情原委的第三方的样子，也许更加能够胜任打破气氛环境（打破思维局限）的角色。

利用礼仪范式
引导他人遵守规矩

刘邦在成为皇帝后陷入了困境——跟随自己的将军们大都性格乖张，即便刘邦在场，也毫不避讳地争吵喧哗，还屡次在大殿上打了起来。即便刘邦下令说不许争吵，也完全不奏效。

于是，刘邦请来叔孙通帮忙。虽然叔孙通是刘邦特别讨厌的儒学家，但刘邦还是委托其来解决这个问题。

根据叔孙通的提议，刘邦试着引入了一些礼仪范式。

在庄严的氛围和奏乐下，将军们一改往日，刘邦命令他们排列整齐，他们便听话地排列得整整齐齐。有人没按命令行事，便会被仪仗兵带出去，将军们领悟到如果不好好排队，就会被赶出大殿，便静静地排列整齐。

当身为皇帝的刘邦出现时，当仪仗兵高喊“全员行礼”时，将军们虽然感到困惑，但还是一起低下了头。举行餐会时，大家也一言不发，安静地吃着饭，没有发生争吵。因为将军们感觉到了庄严肃穆的氛围，就不敢我行我素地行动了，刘邦也笑着夸奖叔孙通道：“我还是第一次感觉到作为皇帝的高贵呢。”

若能设计出精妙的仪式，就能让参加者们产生“在这种场合下怎么能做出这种举动呢”这一思维局限，即使不列出各种条条框框，大家也能自发地按规矩行动。据说，重视礼仪范式的儒教，正是在注意到礼仪范式具有向许多人传达思维局限的力量之后，才形成学派的。

当然，若是施行过度，礼仪范式也会沦为形式，

变得形式化。因此，有必要设计出能让大家在自然状态下接受的思维局限。

诱导出自发的行动

这也是在麦当劳点单时常用的方法，服务员招呼“欢迎光临，请在这边排队”后，顾客就会注意到“先排队，到自己的顺序时再到前台点单”这个思维局限的存在，并自发地遵守这一规矩。

在美术馆参观时也会有“请顺着这个路线参观”的提示，这样一来，参观者就能注意到“只要按照这个路线前进，就能够欣赏到全部画作”的思维局限，从而自发地遵守。

礼仪范式这种方式，即使没有繁琐的说明或要求，对方也能明确知道采取何种行动比较合适，在提示思维局限的存在这一点上，具有极强的优越性。即便是在商务场合，从人类工程学（沿着人类会自发采取行动的方向进行的产品制造）的思维方式思考问题同样重要。智能手机的能让人凭直觉操作的触控设计，可以说是使用者能够自发地注意到思维局限的典型设计。

不用过多解释，使用者就能轻松地注意到“哦，是这个思维局限啊”的设计，这在商务场合同样重要。

对无聊之事
也能充满干劲儿

高杉晋作有一句名言："在无趣中享受世界的有趣。"颇有深意。最接近此名言的，当数汤姆·索亚的故事了。

请帮我刷油漆

汤姆正要出门玩时，阿姨却要他帮忙刷油漆。"啊？我还想和朋友们一起出去玩呢……"不过汤姆马上计上心来，一副很开心的样子刷起了油漆。

路过的朋友们戏谑地问道："阿姨安排你刷油漆吗？"汤姆便回答说："刷油漆的学问可深着呢，想要刷得整齐干净是需要技巧的。"继而做出一副专心致志刷油漆的模样。这样，最初抱着"阿姨给汤姆安排活儿干，他一定很不开心"的思维局限的人，看到汤姆热衷于"饶有趣味地刷油漆"这一思维局限之中，肯定也会想，自己什么时候也试着刷刷油漆。

有人拜托汤姆说："也让我试一下吧。"汤姆却拒绝道："不行不行，这可是个技术活儿，需要经验的。"汤姆借这种态度，让大家陷入"刷油漆是只有那些'天选之子'才能做的光荣工作"这一思维局限中。这样一来，大家便更想一试了，恳求道："我把这个苹果给你，你就让我试一下嘛。"于是汤姆装模作样地说："真拿你们没办法，那就只能刷一小会儿哦。"来往于此的朋友们便一个接一个地想要尝试，不久便聚集了许多人。而汤姆则一边从他们那里获得礼物，一

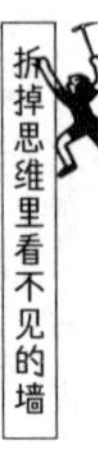

边趾高气扬地指挥着他们刷油漆。

人类的不可思议之处在于，能够仅仅通过少许回应或者态度察觉到对方所采用的思维局限。汤姆通过采用“将无趣的刷油漆表现得很有趣”的思维局限，成功地让朋友们陷入“我也好想尝试一下刷油漆”的思维局限之中。最终，大家都陷入了“即使要送出自己重要的物品，也要尝试一下刷油漆这项工作”的思维局限。

使人愉悦的思维局限

是洗澡还是……

当孩子们怎么都不愿意洗澡时，我经常采取的策略是：“给你们三个选项，从中选出要和你们一起进浴室的人。一、爸爸；二、父亲；三、老爸。请给出你们的答案。”

“妈妈！”孩子们异口同声地回答道。

“没有这个选项！请从以上三个选项中做出选择！”

“妈——妈！”孩子们一边嚷嚷着，一边跑进了浴室。

这样一来，浴室外面就只剩我一个人了。

“快点儿洗澡啦！”“再不快点儿洗澡，就要耽误睡觉时间啦！”孩子们只会把这些话当成耳旁风，现在正玩得起劲儿呢，怎么可能轻易停下来？如果逼迫他们在玩耍和其他事情之间做选择，孩子们当然会优先选择玩耍。

我给孩子们提出的三选一题目，就是为了让他们注意到“就是不和爸爸一起进浴室”这个思维局限的存在，并且让他们发现“只要和妈妈一起进浴室，就会让爸爸受到打击”这个有趣的事。比起之前的游戏，似乎“看看能让爸爸受到多大的打击”这个游戏更加有趣，于是，孩子们便急急忙忙地跑进浴室了。

既然总归要做这件事，人就会希望能以让人愉悦的方式去进行。单单只是洗澡不免太过乏味，但如果加上“能让爸爸因此受到打击”这剂调味料，那么洗澡也会成为一件让人感到快乐的事情。

有一位学生提交的毕业论文题目为“从土壤中找出目标性质的微生物”。要从生存着无以计数的土壤微生物中找到目标微生物，其工作量大到让人昏厥。总之，重要的是调查大量的微生物。

这位学生向指导老师提出了一项请求：“我每调查100个微生物，您就奖励我一根雪糕，可以吗？”老师笑着答应了。

调查100个微生物也是一项不小的工作。这个学生不断地让老师请客，吃了一根又一根雪糕。吃完后，学生将用作雪糕棍的木片攒起来，堆在窗边。就这样，当木片增加到10根、20根时，就会有一种成就感。最后，这个学生调查了相当多数量的微生物，从中也得到了多个目标微生物。

单纯地作业，实际上是很无聊的。不过，只要稍微加上一些有趣的事物，单纯作业也会变得很有趣。

“看到堆得像小山一样的雪糕棍，大家一定非常惊讶”这个思维局限，对于学生来说，心里一定美滋滋的。

想要推动事物前进，令人愉悦的思维局限非常重要。

思维局限决定结果

这个方法能用于监督孩子写作业等事情。很多家庭都在为督促孩子写作业而发愁，当家长说“今天老师不是留作业了吗？赶紧做作业”时，孩子则顶撞道：“刚想做的，被你这么一说反倒不想写了！”“我不说的话你会写吗？！明明说了都不写！”这恐怕是所有家庭的日常。

将这一对话用思维局限的视角进行分析就会发现，家长自己其实也抱着“家庭作业虽然很无聊，但是不得不写”的思维局限；而孩子面对不喜欢的事情时，自然也不想干，往往倾向于逃避写家庭作业。“正因为被你催了，所以不想写了”这种话，也不见得是在撒谎。实际要写作业的人是孩子，他们会陷入

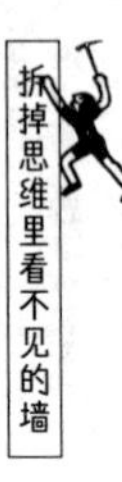

“自己是不被催促就不写作业的差劲儿孩子，而家长则是督促他们的能干的人”这一思维局限中，也因此丧失了干劲儿。

与此相对，在另一些家庭中，孩子会自发地写作业，不需要家长的提醒。通过分析这种家庭中的家长和孩子间的对话，我发现，这些家长不仅在说话方式上花了心思，还专门在思维局限上下了功夫。

首先，家长采用的思维局限是“家庭作业写不写都无所谓”，他们认为，如果孩子没写作业，向老师道个歉就好了。当家长采取的是这种思维局限时，一旦孩子偶然写起了作业，家长反而会表现出非常惊讶的样子：“我们都没让你写作业，太厉害了宝贝，加油哦！”家长的举动会让孩子注意到“没人要求时自发地写作业，能给父母带来惊喜”这个思维局限，孩子特别喜欢给父母制造惊喜，既然完成作业能够实现这一目标，孩子自然就会开心地写作业了。

家长采用何种思维局限，会直接影响到孩子对家庭作业的看法，也会极大地影响到自己对写了作业的孩子的评价。“孩子写了作业，家长就很开心”的思维局限和“即使孩子写了作业，家长也并不开心”的思维局限相比，自然是前者更好了。

让我们再回到前面提到的汤姆的故事，若是朋友们刚表示想要尝试刷油漆，汤姆就立马答应，大概朋友们就会很快丧失兴趣。正因为汤姆一开始断然拒绝，后来故意摆架子似的说“只能刷一小会儿哦”，才确定了“刷油漆不是随随便便给谁都能干的工作”这一思维局限，从而让朋友们心生向往。

这在工作中也是一样，很多企业为了追求效率，会设置业绩指标。但员工从中感受到的思维局限是“业绩指标是一种义务，就算完成了也不会因此受到夸奖；反而若是没有完成，还会因此被扣工资，就像是一个盗窃工资的小偷”。员工们在这种思维局限下，自然没有干劲儿。

“还没人的业绩能达到这个数吗？唉，也确实是不太可能啊。”如果上司嘟囔着这番话，走出了房间，那么下属们就会注意到“也就是说，只要做出这样的业绩，就能让上司大吃一惊”这一思想局限的存在，从而开始发起挑战。即便没有达到给定的业绩标准，上司只要表示出惊讶“这种做法很有意思呢”，员工便会感到自豪，心中涌起想要给上司惊喜的热情，下次便会下更多的功夫。只要肯下功夫，就肯定会有进步，业绩也会提高。我在之前的著作中也详细介绍过这一部分，因此不再赘述。

本书想要强调的是，上司采用的思维局限既能激发下属的干劲儿，也能削弱下属的干劲儿。如果能够巧妙地设计自己所采用的思维局限，言语上自然也会有所改变，对方的行为也会因此发生改变。就像汤姆采用“刷油漆可以使人感到非常愉悦”的思维局限一样，思考自己应该采用何种思维局限，这本身也是一件很有意思的事。

充分发挥
事物的"缺点"

小学时，班主任为了让不懂变通的我和同学们熟络起来，下了很多功夫。但因为不见成效，班主任最终骂了我一顿。

父亲察觉到我的情况，第一次去学校与班主任面谈。班主任将我的问题行为一件件地告知父亲，父亲安静地全部听完后，说了这样一番话。

"老师，这是我儿子的优点，请不要毁了我儿子的优点。"

班主任本想指出我的行为中存在的问题，一时间没能理解父亲的话。于是，父亲接着解释了一番。

“世界上有看守灯塔的人、维修检查大坝的工人，还有高楼大厦的警卫人员，有很多需要在夜间独自工作的岗位。正是因为有这些耐得住孤独和寂寞的人，社会才得以正常运转。如果要求所有人都善交际、懂变通，那么又由谁来做这些工作呢。我的儿子能够忍受孤独，我认为这是他的优点，所以，还请您不要毁了它。”

班主任只觉得我的行为是有问题的，当听到父亲说这是优点时，着实大吃一惊。于是，班主任也试着向父亲询问了其他孩子的情况。在父亲眼里，无论是什么样的问题行为，都可以说成是这个孩子的优点。也因为班主任一个接一个地聊起其他孩子的情况，这场面谈持续了一个多小时，父亲看到其他家长一直在走廊上排队等着，心里很是过意不去。

从面谈后的第二天开始，班主任对待我的态度就变了，开始用心观察我的行为，与我说话的方式也十分自然，这反而让本不善交际的我渐渐和班里的同学熟络起来。

后来，在学校的马拉松大赛上，班主任看到了我母亲，特地跑到跟前来，向她表达了感激之情，还夸奖我父亲道："您丈夫真是有一颗七窍玲珑心啊。"

班主任因为抱有"不善交际的人无法在社会上生存"的思维局限，因而觉得我偏离这个思维局限的行为是有问题的，但父亲并没有否定我的行为，而是提出了"不善交际的人也是这个世界上必不可少的"这一新的思维局限。也许班主任感觉到这个新的思维局限有助于指导多样化的学生，于是选择全盘接受这一思维局限，并改变了和我相处的方式，这对我来说，也算人生一大转机。

日本九州有一处位于偏僻乡下的温泉，周围没有任何娱乐设施。一般来说，温泉周围有很多诸如射击场、酒吧街等娱乐设施。想要吸引客人，就必须建造这些设施——当温泉主人正这么考虑着时，有年轻人千里迢迢地赶来了。温泉主人对他们道歉说："抱歉，这里什么都没有。"他们却说："没事，什么都没有反而很好啊。”进一步询问才发现，他们早已厌倦了无一例外有着射击场和酒吧街的温泉，就想找一处什么都没有、能使人平心静气的温泉。

于是，温泉主人便想将“什么都没有”打造为该温泉的价值，禁止建设杂乱的娱乐设施，让游客能心无旁骛地、悠哉地享受泡温泉的乐趣。温泉主人努力提供服务，让游客从“什么都没有”中获得内心的平静。现在这处温泉已经发展成为小有名气的温泉场所。

类似地，岛根县的海士町也凭借“什么都没有”这一引人注目的广告宣传语成为人们热议的话题。城市中有的东西这里没有，这条广告让人们再次认识到“没有”的魅力。

缺点，反过来说就是独树一帜的特点。锤子本来就和锯子不一样，不能用来锯木头，但用来敲打钉子很好用，如果用“切断”的价值标准来评价这一特点，那么这确实是缺点；但用别的价值标准来评价，这就变成了优点。

采用什么样的思维局限，决定了特点会变成缺点还是优点。如果为了改正缺点而像日语中“矫角杀牛”[1]的谚语那样矫枉过正，反倒会酿成遗憾。不如采用将这种特点当作优点进行充分发挥的思维局限，很多问题其实都是通过这种方法来解决的。

---

❶ 为了弄直弯曲的牛角而杀掉了牛。比喻想要纠正缺点，反而使整体失败。

采取循序渐进、共同面对的姿态

采取自然的小步伐

当上司看到下属工作时候的样子，经常会不自觉地想要提醒他："这样做可以提高工作效率。""那样干更加有利于完成任务。"……

若是等得不耐烦了，上司还会说"算了，我自己干吧"，将工作揽到自己身上。这样的做法着实很容易让下属失去干劲儿，之后面对工作时，下属会丧失信心："我不行的，麻烦您了。"结果便是，上司需要一个人完成所有的工作。

有能力的上司往往心中有一套自己的正确行为方式，类似于“那项工作这样做比较好，这项工作这么做效率更高”的行事方式。当下属做这种在上司心中有“正确行为方式”的工作时，上司一不小心就会指责下属：“不对，应该这样干！”这样的指责会削弱下属的自信心，使其变得畏手畏脚，不知道该怎么开展工作。

即使不加指责，而是温和地给予指导，将正确的行为方式教授给他，下属也会渐渐丧失干劲儿。这大概是因为下属感觉到自己目前的水平离正确的行为方式之间还有一定的距离。

上司采用的所谓的正确行为方式，也是其通过不断试错，在总结经验的基础上得到的。从上司的角度出发，也许是因为自己曾经为了找到这套正确的行为方式吃了很多苦，出于不想让下属再遭这份罪的好心，才想要直接传授给他。

但我觉得，想要真正理解所谓的“诀窍”为什么能成为诀窍，必须要有失败的体验。假如让下属将正

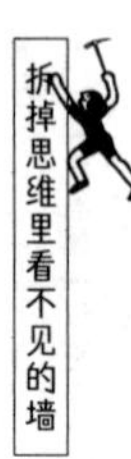

确行为方式死记硬背下来，下属实际上也并不能理解为什么这种做法会是正确的，不明白为什么一定要采取这种做法，本着想要改进的想法，在这基础上加上其他步骤，结果便是一团糟。

婴儿在学习走路这一动作时，基本上都是从爬开始，进而通过抓扶慢慢站起来，继而不用抓扶便能站立，再之后便学会一边扶着东西一边走路。也有的婴儿是跳过这一步骤直接开始学习走路的，这样一来，当要摔倒时，就不会下意识地伸出手，就算伸出手也无法保持重心、承受头部倾斜的重量，像这样脸部朝下摔倒是很危险的。

上司也许是出于好心才抱着“想让下属一上来就掌握正确的行为方式”的思维局限，但如果真的希望下属成长起来，只能让其尽可能多地经历一些不那么严重的小失败，从而积累经验，慢慢地增强实力。也就是让下属从现在所处的阶段，一步一个脚印地进步，从而慢慢成长起来。

自1992年举办的里约会议[1]后，瑞典就开始认真对待环境问题，现在已经成为众所周知的环境先进国家。瑞典的环境政策是一气呵成的吗？答案是否定的，他们最先确立的是“自然的步调”（Natural Step）方针。

瑞典想要尽可能早地推进环境政策，但也正因如此，才需要举一国之力推进。若是冒进者一个劲儿地推进政策，国民不仅不会追随，还会因此产生抵触情绪，环境政策反而可能会被搁置。因此，瑞典最终确定了全体国民能以自然的步调推进环境政策的方针。虽然很迫切，但也需要在获得全体国民的接受后再加以推行，将政策传播到全体国民之中，效果也十分显著。瑞典之所以能够成为环境先进国家，正是因为其能够冷静地观察自己所处的阶段，并采取循序渐进的步骤，即只要能从现在所处的位置再前进一步就好。

孩子的成长、下属的成长，都是从当前的位置一

---

[1] 1992年6月3日至14日在巴西的里约热内卢举行的联合国环境与发展大会（UNCED）。

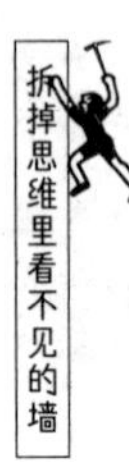

步一步实现的。采用这种小步伐、自然步调来促进对方成长，反而会促使其更加快速地成长。上司想让下属一下子掌握自己心中所想的正确行为方式，会像拔苗助长一般，徒劳无功。

想要一下子就得到正确答案这一思维局限反而会妨碍下属的自然成长，成为切断下属工作积极性的元凶。与其这样，不如让下属感觉到自己基本上没有借助上司的帮助，单凭自己的力量实现了成长（即使实际上上司提供了帮助）。这样一来，他在之后的工作中通过自己的力量实现成长的积极性也会更高。

希望你能够抛弃“快点儿给我达到这个水平”的思维局限，转换到“最大限度地提高下属的成长积极性”的思维局限。

这部分内容，在我的著作《下属养成法之让其自己思考行动》[1]《激发孩子自我思考、鼓足干劲的小妙

---

[1] 原书名为《自分の頭で考えて動く部下の育て方》。

招》[1]中有详细的介绍。

采取共同面对的姿态

去泡海水浴时，面对涌过来的海浪，孩子始终站着不敢下水。爷爷奶奶拉着他的手说："别怕，我们一起下水。"但孩子还是一副害怕的模样，最后临阵脱逃了。

这不禁让我心生感慨，曾几何时，我也是如此。我一边回忆着，一边试图用我小时候克服恐惧的方法引导。我与孩子站成一排，与他一起眺望着海面。就这样，孩子向前迈出了小小的一步，我也同样前进了一些，与他保持在同一条线上。孩子一点点地前进，当海浪打湿他的脚的那一瞬间，孩子还是后退了。我也同样地往后退了退，始终与他站在一排。也许，这样的举动让他认为"我把他当作激发勇气的基准"，于是便又前进了一些。终于，海水没过他的胸口。当

[1] 原书名为《子どもの地頭とやる気が育つおもしろい方法》。

我对他说“哇！真厉害”时，他露出了一副得意的表情。之后，孩子便能在海里愉快地玩耍了。

据说，如果同伴拉着盲人走路，会让他产生强烈的不安全感；但如果同伴只伸出胳膊，让他抓着手腕，他就能安心地行走。

人越是感到不安，就越是希望按照自己的节奏前进。特别是第一次接触的事物，总是容易让人感觉不安。因此，需要不断试探自己的能力，慢慢进行挑战。

如果被拉着前进或者被人从背后推着走，就不能按照自己的节奏前进，因不安而陷入慌乱、感到恐惧，从而产生厌恶感，从心底认为自己不行。一旦被打上“什么啊，真没毅力”的烙印，就会在心里决定“以后再也不伸手让人拉着走了”。

大人也存在这样的心理。如果有人说着“没事儿的，你挑战一下”，从背后推着当事人往前走，当事人就会觉得自己像要被推下悬崖一样，感受到强烈的不安，因而很容易临阵脱逃。对下属而言，因为是首次挑战这样的工作任务，所以希望能一边慢慢纾解不安的心态，一边按照自己的节奏推进，而一旦被催促“快点！快点”，这种不安就会转化为恐惧，甚至变成厌恶，最后固化为一种“我做不到”的自我否定情结。

如果下属一副不安的样子，不妨试着采用这种“共同面对”的思维局限。下属前进，上司就跟着他前进；下属退缩，上司则一起退缩。无论是前进还是后退，上司都始终与其站在一排。这样一来，下属就会明白“按照自己的节奏前进就好”这一思维局限。于是，不安的心态就能得到相当程度的缓和，挑战的热情也会涌上心头。

人类本身就有期望将“做不到”变为“做得到”的倾向。因此，不必从背后推着他前进，也不必强拉着他前进，而是要与他保持同一战线。只要采用这种思维局限，自然能够使下属恢复正常的充满挑战热情的状态。

当下属搞砸了什么事情时，如果上司说出“你打算怎么收拾局面”，采用正面对立的姿态，下属的心情就会十分低落。与此相对，如果上司说“虽说搞砸

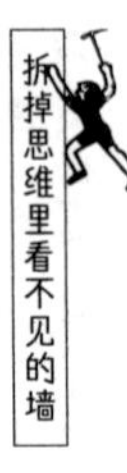

了，但这也没办法。一起向客户道歉吧，再想想还有没有什么补救措施"，采用这种"共同面对"的思维局限，下属就能安心，恢复积极进取的姿态。

当我看到"恋人间是相向的关系，而夫妇则是站在同一战线，共同面对其他事物的关系"这句话时，着实有种拍案叫绝之感。夫妇正是需要一起解决家庭中纷繁事务的关系；上司和下属同在职场，最好也保持同一战线、共同面对的关系。

通过和下属对话时的气场，下属可以十分敏锐地判断出上司是想要与自己共同面对，还是采用着一种对立的姿态。前者会让下属感觉到上司想要与自己一起解决问题，后者则很容易让下属感觉到自己在受到责备。

采用对立的姿态，还是保持统一战线，共同面对？采用不同的思维局限，对方的反应也大不相同。

确保留有余裕，减小实践难度

设计、创造思维局限时，还有一些注意事项：要实践起来没有困难，需要确保留有余裕。

这里以妇女刚刚生产后的哺乳为例进行说明，帮助大家理解。

很多育儿中的母亲会说“从没听说过育儿原来这么累人”，就连从事过辛苦工作的职业女性也这么说。

其中的艰辛之一，就是刚生产后的连续失眠。在剖宫产留下的伤口很疼的情况下，还不得不每隔3小时哺乳一次。生产前抱有的“如果哺乳花费1小

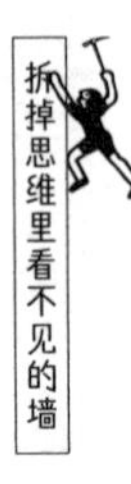

时，还可以睡上2小时；如果一天哺乳8次，也就是说，能够睡上16个小时！时间很充裕”这种想法简直荒唐。

首先，孩子最初并没有掌握吃母乳的方法，以至于吃着吃着可能就睡着了。因为没吃饱，很快肚子就饿了，于是又开始哭。所以说，别说什么每隔3小时哺乳一次，实际的情况经常是每隔1小时就需要哺乳一次。

奶粉必须用热水冲泡，而冷却到人体的温度需要一定的时间，婴儿喝完后怎么也不打嗝，而且尿布需要频繁地更换。这样一忙活，就又到了下一次的哺乳时间了。这样下去，妈妈们只会陷入“到底什么时候才能睡一会儿啊”的绝望之中。

而且，刚出生的宝宝太柔弱了，当宝宝安静地睡觉时，妈妈们还忍不住要确认一下宝宝有没有在正常呼吸。妈妈们心系宝宝柔弱的生命，根本没法睡个安稳的好觉，于是就会陷入疲劳、困倦和极度的失眠之中。

在这里，让我们重新思考一下妈妈们的思维局限。生产前，妈妈们认为，作为家庭主妇，自己必须要做好家务和育儿的工作，她们把自己束缚到这个思维局限里，并遵循着这个思维局限展开行动。但实际上，这个思维局限并不合理，在极度缺乏睡眠的状态下处理好家务和育儿简直是不可能完成的任务。

以我个人之见，育儿过程中最重要的应该是保持心情愉悦。若是连保持心情愉悦的余裕都没有了，家务就算再重要，也应彻底放手。毕竟，作为人来说，保持心情愉悦最重要，绝不可以放弃开心。

孩子，特别是婴儿，一定不会按照我们的期待（思维局限）行事，要想心情愉悦地接受这些年幼无知的孩子的所作所为，家长就必须拥有足够多的余裕。很多女性为了做个好妈妈而努力着，但由于严重的睡眠不足，努力并不奏效。也因此，这些“努力家”开始陷入深深的自责之中。

为了让妈妈们保持心情愉悦，有必要让她们换一种倾注热情的方式，或者说采取一种与以往的思维局限完全不同的新形式，即彻底地追求一种“为了能够保持心情愉悦，尽可能地对一些事情放手”的思维局

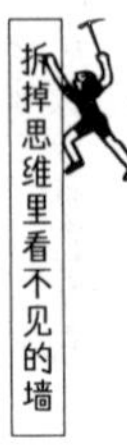

限。这与以往大多数女性所采用的思维局限是完全相反的，她们大概一直以来都服从于“毫无马虎地认真做好”这一思维局限。但育儿则完全相反，需要“为了能够保持开心，需要彻底放弃一些事务”这一完全相反的思维局限。

为了实现这一点，就需要事先与丈夫商量，设法避免由一个人包揽所有的事情。将“微笑育儿”作为最重要的事，不仅仅是丈夫，还有邻居、亲戚、公共服务人员等，不管是向谁借力都可以，只要是能帮忙的都可以麻烦他们，这样便可给自己留下一些余裕，也能设法稍微休息片刻了。

还需要稍微改变一下思维局限，不要要求丈夫用自己的方式完成事务。有的女性看到丈夫和自己洗碗、洗衣服的方式不一样，就要求他们改正。但完成工作的方法本来就因人而异，若是不能按照自己习惯的方式做，丈夫在做家务时便会觉得辛苦。

上司和下属之间也会发生这样的情形，看见下属做事情慢腾腾的样子，便说“算了，还是我自己干吧”，接过本该交给下属去做的工作。这会导致整个团队只有上司一个人在努力，也就是说，无法发挥团队的力量。有必要采用这样的思维局限：既然将工作交给了他人，那么就应该认可他的工作方式。即使看起来对方做得不怎么样，也要怀着“大家刚开始时都这样”的包容之心，用长远的目光去看待，做好等待其成长的准备——最好事先抱有这种思维局限。

通过不断逼迫自己思考应当将思维局限置于何种位置，有助于确保给自己留有余裕。总之，应该经常检验自己设定的思维局限是否合适。

小结

·设计思维局限时，确保给自己留有一些余裕。

·余裕需要有意识地进行检查，才能确保其存在。

传达弦外之音，引导自主思考

前面已经介绍了不勉强自己、凡事留余裕的重要性，但是如何把这一思想传达给那些正在努力着的人们，实际上也是一个重要的课题。建议别人这样或那样做，反而可能会起到反效果，这是因为对方感受到了和言语的表面意思相反的弦外之音。这里主要针对这一问题展开讨论。

我的妻子很擅长应付孩子，每次都让我目瞪口呆。不过，有一段时间，妻子十分疲劳困顿，失去了余裕。虽然我跟她说过“家务随便做做就行了”，但我越是这么说，她越是努力做家务，最后忙得焦头烂额，一点儿余裕都没有了。

我思索了两三天，跟她说了这番话："你一直在挑战努力的极限，如果是我，我肯定做不到这样，你真的太棒了，谢谢你！"

说了这番话的第二天，妻子就恢复了往日的笑容，并提议道："我想确保自己能够做到微笑育儿，家务上能不能请你帮帮忙呢？""当然！"我回答道。

后来，妻子跟我说："昨天，你说我在挑战努力的极限。多亏了这句话，我终于发现自己真的太过于努力，以至于已经花掉了我所有的时间和精力。一直以来，我都想将家务和育儿打理得很完美，如果没能做到，我就会自我谴责。我重新思考了一下，如果自己没有办法再更加努力了，那就需要调整努力的方向和重心。"

我最初说的"家务随便做做就行了"，在妻子听来，这番话的弦外之音是"要是家务能够打理得更完美就好了"，于是这个思维局限便一直困扰着妻子。

而我之后说的“你一直在挑战努力的极限”的那一番话，就是在提醒她注意到“如果全身心地努力也不能做得很完美，就不应该更加努力，而是要改变努力的方向”这个思维局限。因此，以便妻子能有余裕思考自己是不是不能只一味地踩油门，也应该重视努力的方式、方法。

言语之间会存在弦外之音，比如“加油哦”这句话的弦外之音是“你本来应该努力，却没有努力，也就是说，你在偷懒”，当事人注意到这个思维局限后很容易丧失干劲儿。

相反地，想说“不要勉强自己”时，不妨通过“你是在挑战极限啊”传达弦外之音，这样既能够让当事人感觉到自己的努力获得了周围人的认可，同时也很容易想到“不如换个努力的方向试一试”，最重要的是，这样的说法不会损害当事人的积极性。

讲话时，要留意这些话语背后隐含着怎样的弦外之音，同时还要思考，通过巧妙地设计弦外之音，这些话语将向对方传达出何种思维局限。

例如，上司对下属说：“这个月的成绩很不错，期待你下个月的表现。”上司的本意是想夸奖下属，但下属也许会觉得：“啊？这个月只是碰巧遇上了大批顾客，这种情况本来就很罕见。竟然把这种凭运气的事儿当成实力，真是让人头疼啊。但如果下个月没达到差不多的业绩，肯定会让上司失望的吧。啊！压力好大……”也就是说，下属注意到，在上司的话语背后，隐含着“希望每个月都能达到差不多的业绩”的期待（思维局限）。

比起前面的表达方式，也许这样说的效果会好很多：“这个月的业绩尤其好，你下了什么特别的功夫吗？”这样一来，下属应该就会回答说：“是由于偶然的运气，才取得了这样的好成绩。”“原来如此。这样说来，下个月可能就达不到这个月的水平了吧。不过，要是把巧合只当作巧合看待，感觉有点可惜啊。不如好好分析一下为何突然会有大批顾客对此感兴趣，花一点儿时间思考一下二者之间的联系。这样的话，偶然可能就不仅仅是偶然了。”如果上司是这番说辞，那么下属大概会很乐意下功夫分析原因。因为上司的话让下属感觉到“上司并不是只单纯追求一个数字，同时也希望通过这种分析研究，使下属得到锻炼和成长”这一思维局限。

上司设计何种思维局限，对弦外之音作何种设计，都会影响下属的反应。因此，上司需要思考什么样的思维局限可以激发下属积极性，并促使下属主动思考。

未来社会的思维局限

如何在公司中为人处事，如何应对家庭中的一些问题，触手可及型思维局限对我们保持日常生活的愉悦非常重要。

另一方面，宏伟远大型思维局限能将公司和家庭都囊括其中，真切地影响着我们的人生。宏伟远大型思维局限很大程度上决定着企业未来的走向，企业在这个思维局限中采取何种行动，将直接影响自身的业绩。因此，我们需要思考如何对待这种宏伟远大型思维局限。

资源节约型社会

进入21世纪，“优胜组”“败北组”这种词汇刚出现时，越来越多的人说出下面这段话，让我感到十分惊讶。

“社会终究是弱肉强食的，不能适应变化的人，即使贫穷也是自作自受；有能力的人、成功的人，能够享受富足的生活，这是理所当然的。”

如果是在20世纪90年代说出这番话，一定会遭到周围人的强烈谴责。虽然是下班后大家一起喝酒吃饭、随便聊闲天儿的场合，但一连听到好几次这种话，着实让我感到吃惊。

我试着询问了说这话的人依据何在，他们表示，资源终究会枯竭，地球的环境也遭到了严重的破坏，为了减少资源消费，保护地球环境，需要过半数的人死去，那么活下来的必然是那些为数不多的成功人士吧。

我又是一阵惊讶，继而陷入思考：为什么这种想法不仅仅在日本，在美国等国家也开始受到越来越多的成功人士追捧呢？

不过，我也并不认可一直以来大量生产、大量消费、持续破坏地球环境的做法，人类确实不得不思考应对措施。

我认为有一定实现的希望。看看发达国家的状态：随着生活的富足，少子化的问题愈发严重，人口似乎不再增长；娱乐活动越来越丰富，女性一旦实现了经济上的独立，人口增长就会停滞，这个定律似乎是成立的。

据记者约翰·伊比特森和政治学家达雷尔·布里克所著的《空荡荡的地球》中所述，与许多预测相反，世界人口也许会减少。随着女性教育的迅速发展，人口减少的速度可能会比预计更快。作者的这种说法，意外地被人们认为是合理的。

如果是这样，那么比起“让少数成功人士独占资源”的思维局限，“尽可能公平地分配资源，让大家都能享受到还算富足的生活”的思维局限更能抑制人口增长，使社会尽早地过渡到资源节约型社会。

之前已经阐述过，如果能够把思维局限设计得“很酷”，人们的物质欲望也可能会自发地降低，或许能让人们觉得，比起穿着貂皮大衣或驾驶消耗大量燃料的超级跑车，爱惜地使用素雅的古物、驾驶共享汽车的生活看起来更酷。

智能手机等信息技术的出现，让资源节约型娱乐成为可能。这样一来，通过恰当地设计思维局限，或许能使人类既获得足够的快乐，同时也减少资源消费，缩小人类的活动规模。

能不能设计出令人感到愉悦、觉得很酷的思维局限呢？这个思维局限将涵盖整个世界、整个人类社会，是一个巨型思维局限。如果某个企业能够率先提出设计这一思维局限的方案，未来也许就能成为一家引领世界经济的企业。

人类喜欢不自然的东西

日本电视台有一档电视节目《世界上最想上的课》，有一次，节目中有人说出了“人们喜欢不自然的东西”这番话。我最初很排斥这种说法，著名思想家卢梭都说了要“回归自然”，而且电视上不也经常说什么“自然宝贵”“人工制品乏味”之类的话吗？所以，说什么人类喜欢不自然的东西，简直毫无道理！

我虽然一直致力于否定这句话，但多年后也不得不承认它的确是事实，人类似乎确实钟爱那些稀奇的、不自然的东西。

好奇心其实就是这种倾向的体现，人们在看到不自然的、稀奇的东西时，会显示出强烈的关注。所谓流行，正是激发了人们的好奇心，从而使得大量生产、大量消费的经济发展方式成为可能，这也可以称得上是一项人工发明。

不过，人们的好奇心好像并不仅仅体现在汽车和豪宅这些物质上面，像手机游戏中的虚拟世界也能充分地刺激人们的好奇心。其结果便是，现在想要买车的年轻人越来越少了。

也就是说，人们的欲望并不总是会和环境问题产

生正面冲突，如果能够充分发挥虚拟世界对好奇心的刺激作用，也许就可以形成一个节约资源且不失趣味的社会。

据报道，现在日本的年轻人最向往的职业是YouTube的视频博主。这使很多人感到担忧，但我从当代年轻人的敏锐中感到了新的可能性，在缩小自身物质欲望的同时，充分地满足了自己的好奇心，这种生活方式也许能够创造一个节约资源、不破坏环境的经济社会。也许年轻人正是无意识中察觉到了这种思维局限的必要性，因此才想要当YouTube视频博主吧。

要保证世界上的所有人都能够生存下去，能快乐地享受每一天，而且人们的物质欲望和对环境的破坏也慢慢减少，取决于能否将这一思维局限设计得看起来很酷。我衷心地希望新一代年轻人可以精巧地设计出这样的思维局限。

金钱是虚构之物

尤瓦尔·赫拉利在其所著的畅销书《人类简史》中指出，人类社会最大的虚构之物（思维局限）便是金钱。

金钱作为虚构之物，有着不可思议的性质，即不会劣化（随着时间的推移变坏）。1万日元的钞票，就算变得破破烂烂，还是1万日元。香蕉放上一个星期就会变黑，丧失商品价值，但金钱不会贬值（虽然通货膨胀、通货紧缩时，也会发生一些价值变化）。这不可思议的性质正是因为金钱是虚构之物才得以成立。

经济学家弗雷德里克·索迪本来是做放射性元素研究获得诺贝尔化学奖的物理学家，他却认为这种性质很奇怪。

索迪参照物理学常识，认为物质、能量等都会随着时间的流逝而劣化，唯独金钱却不会劣化，这非常奇怪。他指出，如果一直秉承“金钱不会劣化”这一

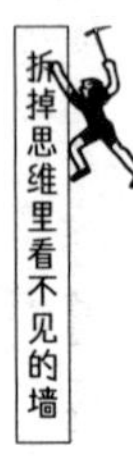

思维局限，那么经济系统就会以“资源可以无限获取，地球环境不会恶化”为前提运转。但索迪预见，这种美好的愿望终有一天会幻灭。

再向大家介绍一位经济学家西尔沃·格塞尔。格塞尔提倡“腐坏的金钱”这一思维局限。他认为，明明世间万物都会腐坏劣化，却唯有金钱不会劣化，这很荒诞。于是，他提出，不如试着将金钱也设计成可以劣化的形式。

这一想法后来被采用，并取得了巨大的成功，该案例被称为“沃格尔奇迹”。

沃格尔是澳大利亚的一个小镇，20世纪30年代，全球经济因大萧条而濒临瘫痪，无法正常运转，沃格尔小镇也无法幸免，陷入死气沉沉的窘境。当时的镇长试验了“腐坏的金钱”这一思维局限，发行了一种盖章纸币。这种纸币在每个月初都需要盖章，每次盖章需要支付纸币币面价值的1%作为手续费；若不盖章，纸币就会丧失价值。

如果一直将纸币留在手中，纸币就会丧失价值，但要每个月支付1%的盖章手续费又让人觉得窝火。因此，人们在拿到钱后都选择赶紧把钱花出去，而不是留在手里。于是，纸币以惊人的速度流通，市场愈发繁荣，沃格尔小镇的经济开始恢复生机。这就是所谓的“沃格尔奇迹”。

在目前的经济体系中，人们为了使金钱不贬值，甚至是增值（例如信用创造[1]），不知不觉就会采用促进大量消费的机制。而正因为金钱不会贬值，所以人们对资源的浪费不止，对地球环境的破坏也无休止。

那么，也许可以设计出这样的思维局限：金钱是“会腐坏”的，在让经济像“沃格尔奇迹”一般焕发活力的同时，一点点减少金钱的总量，以此慢慢减少物质消费。

---

❶ 信用创造，亦称“货币创造”或“存款创造”，西方国家货币理论中关于制约货币供应量规律的一种重要理论，指政府发行的钞票的增加可以导致货币供应量（由钞票与银行支票共同构成）的多倍增加。

金钱是可以影响全人类的最大型的思维局限，如何才能将这个思维局限设计得更好呢？这也许会成为人类这一种族能否在地球上持续生存的试金石。

后记

“当局者迷，旁观者清。”这句话说的是比起下棋之人，看棋的人反而更能看得明白的现象。

像我这般不机灵之人确实深有体会。看到别人操劳时，我虽然也会站着说话不腰疼地说“要是那样做就好了”，但实际上，一旦自己成为当事人，脑子常常一片空白，陷入不知所措的状态。最近，“转换立场看问题”“抱有当事人意识”的说法很受欢迎，但奇怪的是，不机灵的人一旦这样做，反而不能冷静地判断问题了。

每当我感到穷途末路、抱头苦恼时，妻子总能轻描淡写地说：“这样做不就好了吗？”我无数次为

之感到惊讶："咦？你怎么会想到这么不寻常的做法啊？"但实际上，妻子的建议要实践起来非常容易，而且确实可以打破困境，我时常为之惊讶不已。

妻子特别擅长脱离所处的立场，对于那些因陷入当事人意识而觉得无计可施的事情，妻子采取的做法似乎是忘记自己的当事人身份，单纯从第三方视角出发思考。我也开始模仿妻子的这种思维方式，由此轻松地解决了很多问题。

也就是说，如果没有我的妻子，我都不确定自己能不能写成此书（我的书很多都是这样）。感谢妻子在我每次陷入自己的思维局限中无法自拔时，笑意盈盈地将我从这困境中拯救出来。

如果要举出三个关于本书的关键词，那应该就是"思维局限""意识与潜意识"和"视线"。本书也反复强调过，我本人是一个不太机灵的人，总被意识支配了身心，越是想要灵活地行动，身体和思维就越不听使唤。

另外，我的两个弟弟非常擅长运动，特别是小弟，棒球、剑道、足球可谓样样精通。他的朋友也很多，就连和初次见面的人也能瞬间变得亲密起来。我问他是怎么做到的，他只是回答说：“我尽量不去意识到这些事。”据他说，他一旦意识到这些事，身体和思维就会变得僵硬，因此，他选择相信潜意识，放心地通过试错来积累经验，为潜意识提供数据储备，接下来只要等着潜意识的良好发挥即可。

我过去十分不机灵，今后或许也不会有太大的改变，但通过周围人，我见识到了很多参考案例，比如有人能够在极短的时间内采取行动，有人在某种困境下还能想到出人意料的方案。

也正是因为如此，像我这样意识过强、无法信赖潜意识的不机灵之人，才能将身心的僵硬通过语言表达出来，也才能够向大家阐述当陷入某种思维局限中时，通过视线的运动能轻松地使思维局限发生偏移这个方法。这也许就是人身上的缘分所带来的馈赠吧。

有很多人经常会因为自己不机灵而感到苦恼。像我这样生性好强的人经常会被认为很固执，而那些生性胆怯的人总是不停地在向人道歉，又经常容易黯然神伤。

本书希望能给这些人带来一些慰藉，帮助他们打开心结，相信潜意识的力量。如果本书能够帮助他们身心更加顺畅地行动，我会非常开心。

另外，在写这本书时，我再次意识到，思维局限并非仅仅支配着那些不机灵的人，而是拥有支配包括机灵的人在内的全人类的力量。而且，根据设计思维局限的方式不同，人类或许会提前走向灭亡，又或许能选择一种可持续发展的生活方式。

究竟什么样的思维局限是最合适的呢？

这个问题已经超过了我的能力范围，但我期待着本书的读者朋友们能够注意到思维局限可以被设计这一事实，从而开始思考是否存在一种能够让全人类愉快生活，且不会给地球造成负担的生活方式。

在我撰写本书时，我的妻子、岳父和岳母在休息日帮忙负责照看孩子，陪孩子玩耍。正是因为有了他们的支持，才有了本书的问世，在此，我向他们深表感谢。

另外，我还要感谢每天给我做早饭的母亲，以及时常给我带来惊喜的两位弟弟。此外，还有生前曾经提出没有人能够想到的解决方案，让我大吃一惊的父亲，他对于我创作本书的影响不可不提。

我在性格、言行上比较有棱角，因此在职场中也经常给同事们带来很多麻烦，也正是因为大家温柔地对待并鼓励我，我才能够完成此书。在此感谢大家一直以来对我的照顾。

感谢我的朋友们让我明白，人类可以因自己所抱有的思维局限而烦恼或快乐。

希望读者们通过阅读本书，能够重新审视自己所采用的思维局限，并适时地予以调整，从而过上更加快乐的生活。我也希望人们能够通过这种方式，将思

维局限转换到“人类和地球和谐共生”这一宏伟壮大的思维局限。这样一来，未来的孩子们将与幸福长相伴。

2020年2月　筱原信